INCIDENTAL STEWARD

Reflections on Citizen Science

Akiko Busch

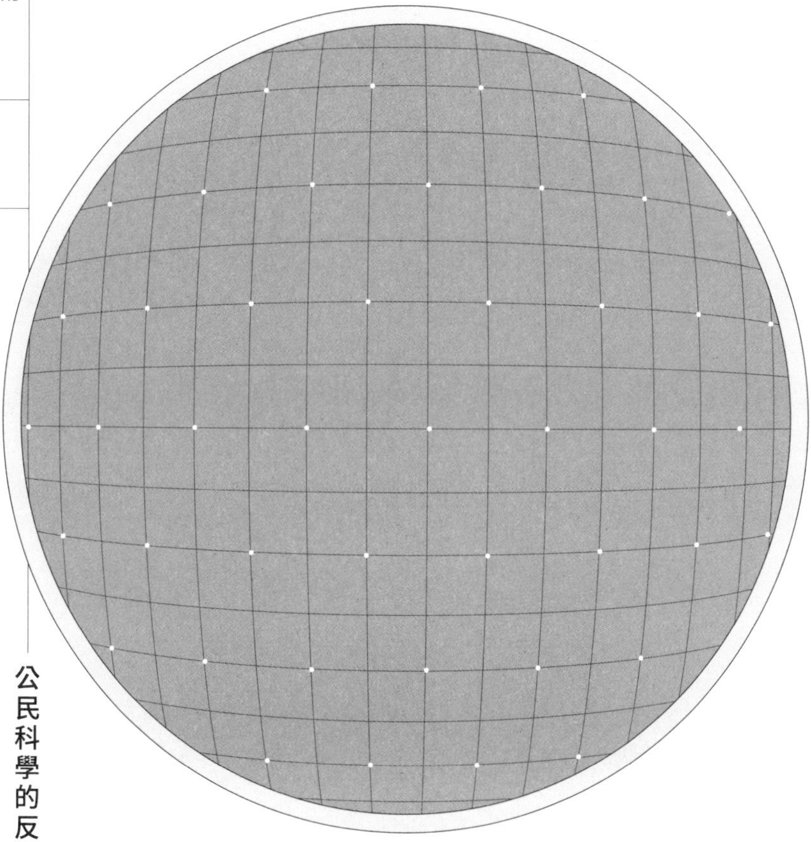

意外的守護者

公民科學的反思

Incidental Steward:
Reflections on Citizen Science

阿奇科・布希 Akiko Busch——著　王惟芬——譯
黛比・科特・卡斯帕里 Debby Cotter Kaspari——繪圖

Contents
目錄

推薦序

林德恩
路殺社（台灣動物路死觀察網）

藉由志工參與協助收集科學資料或協同合作解答科學問題的方式，在人類的歷史存在至少百年以上，並不是什麼新穎的觀念，然而這樣的觀念與方式，或許是受無線網路、社群平台和智慧型手機普及化的影響，直到近二十年來才在全球各地刮起一股強大旋風，而且參與之規模少則數千人，甚至動輒數萬人的公民科學計畫，例如二〇〇七年由英國開始，結合了「史隆數位巡天普查計畫（Sloan Digital Sky Survey）」及「哈伯望遠鏡CANDLES普查計畫」所拍攝的龐大數量星系圖像，被有系統的開放上線，讓全球天文愛好者協助判讀和分類的知名公民科學計畫：「星系動物園（Galaxy Zoo, https://www.galaxyzoo.org/?lang=zh-tw#/）」，或是美國麻省理工學院計算神經科學實驗室（Computational Neuroscience Lab）所發展推出，以3D立體拚圖遊戲的方式，讓任何一個人都能輕易加入，用輕鬆玩樂的心態參與解構人類全腦神經突觸聯結圖譜這一偉大工程的「眼線（EyeWire, https://eyewire.org/signup），都是成果豐碩且參與者高達數十萬人的超大型跨國公民科學計畫。

這股風潮大約十年前也吹進台灣。如台灣兩棲類保育網、慕光之城-蛾類普查、台灣繁殖鳥類大調查、路殺社、蛛式會社、新年數鳥嘉年華、空氣盒子⋯⋯等，都相繼如雨後春筍般出現在國人的日常生活中。然而無論是執行中的公民科學計畫主要規畫者，或是想要推動公民科學計畫卻不知從何開始的新手主持人、社會科學研究者、環境教育研究人員，甚至是參與計畫的公民科學家本身，對於公民科學普遍都會存有一個共同的疑問：為什麼公民科學會大行其道，且會有人願意投注心力、無償耗費時間與精神協助某項計畫收集科學資料？

這個問題雖然不是公民科學計畫在開始設計規劃時，會去考慮和設想的主要重點，卻是至關重要，每一個公民科學主持人、推動者甚至參與者都該知悉，因為這個問題的答案，往往就是影響某一公民科學計畫是否能順利推動和維持長久的主因。關於這個疑問，也許有人會說那是因為某某物種很可愛、很漂亮、很討喜，或參與者僅僅只是因為好玩、趕潮流或打發無聊時間，只是大家好像都能說出些理由來，卻又總在說完後心虛的一笑、沒有十足把握。如果你和我一樣也曾有這樣的疑問，那麼這本書《意外的守護者：公民科學的反思》將會引領你找到那個滿意的答案。

和大部份的自然科普書籍不同，這不是一本科學領域佼佼者以由上而下的角度，鉅細靡遺的在談論科學理論、成果或應用，也不是科學家或參與者的詳細實地考察筆記，而是作者阿奇科．布希以其文學藝術家敏銳、感性又帶點哲學的思維，訴說親自參與多個發生在其幼時成長、離鄉多年後又再次回歸居住的哈德遜河谷的公民科學計畫後，內心深處對環境、生物及家鄉情景改變的感觸，以及為何有人願意日復一日、年復一年持續參與公民科學計畫，記錄一個不知道何時可以獲得意義的事實(單一公民科學家所發現和記錄的數據、事實，只是整個計畫資料庫的極小一部份，常常必需累計眾多參與者多年資料後，那些記錄才可能獲得或被賦與意義、回答一些問題)。就如作者在第一章簡介最後一段所寫，這本書是作者寫給自己曾經生活過的地方的一封散文書信。不過你大可放心，雖說是散文書信，這本書一點也不濫情，也不會咬文嚼字讓讀者霧裡看花，而是以文學家的心，有條理的用說故事方式逐步完整建構一般民眾參與公民科學的緣由和心情。這樣的思微角度，正是一直以來我們所缺乏且極欲了解的。

在這個以01建構的數位化年代，科學研究已日益走向特殊化與窄化的專業領域，但何以精確度和準確度都不足的公民科學卻能大行其道。為了說明公民科學的這個價值，作者以丹尼爾·史邁里研究中心專注且執著的觀察記錄精神為主軸談起，過去一世紀以來該中心未曾中斷過，將每日的溫度、降雨數據及保留區和山屋附近的所有大自然觀察全都記錄在索引卡上歸檔和保存，這樣鉅細靡遺的廣泛記錄，正如大部份的公民科學家在參與調查記錄時常會有的狀況，如果不以記錄表限制填寫的內容，公民科學家常會不自主的想要寫下所有發現的細節。這樣發散且廣泛的包容性記錄看似不符合科學所強調的「精準度」，但經年累月不間段的持續記錄後，卻讓這些資料別具價值，成為物候學（phenology）的基礎材料。作者認為丹尼爾·史邁里研究中心連續超過一百一十六年未中斷的氣象資料以及十萬筆各式自然記錄所展現的專注力，是一種典範，比其所提供的實際數據更具有意義。這種作法讓人們得以見証地景的轉變，而且審慎、詳細，也有助於釐清含糊歧義。因為大部份的資料記錄，都不會在當下就展現其價值或意義，資料何時可以成為知識？能否在日後將所有事實整合歸納出一些簡單的真理？沒有人知道，大都是要到長久的日後才會彰顯出來。這樣的精神與態度，正是公民科學計畫主持人及每一個參與的公民科學所需要抱持的理念。

那為什麼會有人願意持續不停地記錄呢?!因為通訊技術大躍進和網路虛擬世界充斥每一個人的日常生活後，手機、電子郵件和社群網絡，讓人們可以輕易離開身處的地理位置後，造成人們對土地的歸屬感日漸喪失。歸屬感的喪失會讓人感到茫然、無助和莫名恐慌。當人們對一塊土地的存在感磨損殆盡之時，公民科學的興起正好給了人們這個機會，在參與過程中透過累積大量的目擊資料、觀察與印象記錄，進而從中產生出一種對地方的感覺，重建了人們對土地的歸屬感，提醒人們這些地方的重要性;這樣的努力讓人們得以重新定位、生根。作者在第三章河上的雜草篇就寫到，在參與清除河上的外來種－菱角時:河不僅是休憩的象徵，也是流經人們情緒景觀的重要動脈，在這個人們與自然界之間的關聯顯得特別疏離的時候，前去清除河裡叢生野草，可能也反應出人們對秩序感的集體需求，這個除草的工作必須不斷重複進行，而繼續回到河裡除草帶給其一種平和感。

這樣的平和感和歸屬感，正好可以映照在路殺社公民科學的參與者身上，許多路殺社的參與者都反應，過往每每看到動物無辜遭車輛撞擊、輾壓死亡，總是讓人痛心和無奈，卻又不知該如何幫起，現在透過參與路死動物的調查記錄、移除路上動物大體、掩埋或採集寄送做為標本、檢體送驗追查死因，或許單一事件記錄力量薄弱，但想到這些記錄逐漸累積，可在未來用以改善動物受威脅的情況後，內心感到稍平和，而且重新找回對土地的關懷。這樣的心情，也許可以說是一種自我救贖吧！

記錄不完的動物路死事件、清不完的動物屍體，就像作者在第五章水下絲帶中提及，清除這些外來種植物的工作沒有完成的一天，但每完成一階段的清除工作，都會有種完整的感覺，這種集眾人之力以便彙整出一個詳盡資料庫的活動，就相當於遠古祖先辛苦以體力建立金字塔和大教堂的工作一樣。公民科學的確是如此：集眾人之力成就過往單一團體會機構所不可能完成的任務。

就如同許多人開始參與公民科學的原因是「意外」一樣，作者阿奇科．布希的開始也是意外。某一天研究人員追蹤一隻飛入作者家後山被上標的蝙蝠，請求作者同意他們進入私人領域蒐尋，進而引起了作者的好奇和跟隨研究後，開始了參與和關懷其居住地區的各式公民科學活動。作者透過不同章節，以散文書信的方式來記錄自己對不同公民科學計畫的感想，並用不著痕跡的方式一一說明公民科學的幾個重要觀念。除了上述提到的歸屬感，例如在第五章提到參與計畫的公民科學家常會抱怨：科學家在電腦上規劃的地圖或直線，和現地實況有很大的落差或不存在；「無」也是一筆資料，而且是很重要的資料，負面和正面債同樣重要的、缺席可以是一種強大的存在。

「數據」（data）是「給予」的，是科學家量化後，以百分比或等級的方式規範，再由參與者依實地觀察「給予」的。數據的「給予」在第七章記錄鯡魚時更是深刻體會，因為水下的魚常因水面反光或水體混濁而難以判定，因此看到的不是發生的一切，而是取決於當下那裡的能見度條件，而這些條件是會變動的。這是「偵測率」的概念，視覺是會欺騙人的，這也是公民科學參與者常會有的抱怨：不知該如何記錄和填寫數據。有趣的是，這樣的「不確定」對於科學家來說則是有一精確的含義，和數據的變異有關，可以透過數學統計的方式非常精確地來測量這種不確定性，也就是統計中所說的「顯著」和「信賴區間」。

作者巧妙的以平易近人的散文書信方式，在十二個章節中說明了公民科學參與者如何在一次次的記錄中建立和土地的連結與歸屬感，以及公民科學家在參與記錄常會遇到的問題，例如電腦地圖和現地實況的差異、野外的不確定性、數據給予時的困惑、記錄者視覺和聽覺對科學資料的影響、長期固定記錄的重要性、耐心的消磨等等。如果你是參與計畫的公民科學家，那麼一定要閱讀這本書，作者的這些經驗、感受和說明，想必會有許多地方讓你心有悽悽焉和恍然大悟的會心一笑；對於經營公民科學計畫的規劃者或推廣者，這本書將會是很好的顧問，可以了解參與者的內心想法、遭遇的問題和疑慮，這對於公民科學計畫的推動和長久維持，都會是重要且寶貴的意見。

獻給我的父親，諾埃爾・布希（Noel F. Busch）

未來，早在它發生很久之前，就進入我們，以改造其自身。

——里爾克（Rainer Maria Rilke）

謝辭
Acknowledgments

當《三季刊》（*TriQuarterly*）的客座編輯唐娜・希曼（Donna Seaman）向我邀稿時，她等於是將我推向記錄這些野外行旅的道路上。我非常感激她。我也同樣感謝在這些計畫中，接受我訪談的科學家、教育家、志工與各界活動人士，他們都以不可思議地耐心回答我的問題，慷慨地投注他們的時間、知識和專業技能。我還要感謝我的經紀人艾伯特・拉法基（Albert LaFarge），他非常瞭解這本書的走向，還有我的編輯珍・湯姆遜・布萊克（Jean Thomson Black），感謝她提供精闢的見解、持續鼓勵以及清晰回答我所有的疑惑和問題。她的助理，莎拉・胡佛（Sara Hoover），在整個寫作過程中，總是立刻提供協助。勞拉・瓊斯・杜利（Laura Jones Dooley）總是設想周全、深具洞察力而且用字精確，是每個作家都希望合作的文字編輯。卡里生態系統研究所（Cary Institute of Ecosystem Studies）所長威廉・施萊辛格（William Schlesinger），慷慨地邀請我擔任在研究所的駐所作家，我很感激他，以及那裡所有的科學家，他們一再提醒我：要重視「不確定性」、問題往往比答案重要、自然界的種種實際情況會讓你感到快被淹沒而且互相矛盾、「明確答案」其實是鳳毛麟角。但那正是值得開始這一切的好地方，而我現在仍然抱持這樣的想法。很榮幸請到黛比・卡斯帕里（Debby Kaspari）為本書繪製優雅和引起共鳴的插圖。麗莎・黛爾伍（Lisa Dellwo）的編輯建議和編排技巧對我們的幫助難以衡量，我也同樣感激安妮・克利瑪（Anne Kreamer）和席安・杭特（Sian Hunter）在關鍵時刻所給予的合適建議和支持。史蒂夫・史坦恩（Steve Stanne），我非常感謝你分享豐富的知識，以及你的慷慨。艾倫和朱莉・蕭普（Allan and Julie Shope）的「生態英雄的長城」有許多參考資源，也提供我許多靈感和想法。此外，還要感謝J・M・卡普蘭基金會（J. M. Kaplan Foundation）的計劃，大力支持本書的撰寫，我還要感謝安（Ann Birckmeyer）以及瓊安・戴維森（Joan Davidson）滿懷信心地支持這本書。紐約藝術基金會（New York Foundation）的補助款也讓我有更多時間來發題材，他們的協助彌足珍貴。最後，我要對布萊恩表達我無限的謝意。

CHAPTER

1

簡介
Introduction

要是我們忘記自然界對人類有多大的意義，就不算是真正認識自己，甚至還會遠離天堂。

——愛德華・威爾森（Edward O. Wilson）

莫宏克山距我住的哈德遜河谷只有約五十公里遠，但由於那裡的地勢向上攀升，總是讓它看起來更為遙遠。在十一月的某一天，我驅車前往山地，雲霧圍繞山脊，飄移在山谷之上。樹上的葉子多半已脫落，但有些橡樹上還是懸掛著幾片揮之不去的葉子，這些葉子想來可以撐過大半個冬天。地衣和苔蘚似乎軟化了其所覆蓋的岩架，幾棵松樹從岩石間竄出。山月桂入冬後依然維持著綠意，但真正有韌性的是石頭本身。「莎玟貢克礫岩」（Shawangunk conglomerate）是種以石英為主要成分的岩石，不易風化，近看熠熠生輝，遠觀則似珠白一片。這白色岩石所構成的鋸齒狀崖壁，是從大規模地殼抬升運動中慢慢被擠出來的，莫宏克山也常因此被稱作「天空之島」。

莫宏克山莊（Mohonk Mountain House）及其周圍的保護區位於紐約市北方約莫一百五十公里處，佔地幾百畝，是一八六九年艾爾伯特．史邁里（Albert Smiley）購買這片土地時建立起來的。艾爾伯特還有他的孿生兄弟阿爾弗雷德，兩人秉持著同一信念，相信對自然界的知識和投入能夠豐富一個人的生命，不論是在靈性上、智性上還是身體上。基於此，他們繼續在這面山脊附近購買毗鄰的土地，致力於將這片土地保留為一度假勝地，同時也成為一處自然的朝聖地，在那時期的美國，這兩項目標還不算相互矛盾。為了達成這樣的目標，史邁里兄弟於一八九六年建立了一個氣象站，從那時起每天都會記錄溫度和雨量，讓日後的科學家能夠獲得美國史上持續時間最長的一段天氣記錄。

丹尼爾．史邁里（Daniel Smiley）是艾爾伯特和阿爾弗雷德的侄子，他將這套陽春的資料系統轉變成更廣泛和更周詳的資訊目錄。現在他算是全美公認最知名的博物學家，從三〇年代後期，每天讀取溫度讀數兩次，直到他一九八九年去世為止。

除了溫度和降雨數據之外，丹尼爾．史邁里還將其觀察範圍大幅擴展開來，記錄著在那片將近九千英畝（三十六．四平方公里）的保留區和山屋附近的動植物所發生的事，從太陽黑子週期、春季鳥類的抵達、開花植物初次開花的日期，蠑螈的繁殖習性、遊隼的築巢偏好、山茱萸樹上的真菌，舞毒蛾的發生期乃至於藍莓的消失。他將這些全都記錄在三乘五吋的索引卡上，今天這些歸檔起來的索引卡成了物候學（phenology）的基礎材料，用以研究自然現象隨著季節變動而隱現生滅的現象。在這個專業化的時代，當科學研究日益走向特殊化與窄化的專業領域，史邁里的通才風格似乎顯得不合時宜，但事實上，這樣廣泛的包容性卻讓這些資料別具價值。

丹尼爾．史邁里坦承自己承繼到家族中兩種遺傳特性，一是如強迫症般想要記錄下來自己所觀察到的一切，另一是相信所有東西都值得保存下來：歸檔和保存，這是一個簡單而紮實的研究基礎。今天，這些超過一世紀的自然史資料全都建檔在一九八〇年成立的丹尼爾．史邁里研究中心（Daniel Smiley Research Center）。史邁里過世後，他長年的助理保羅．胡特（Paul Huth）承續他的工作。今天，約翰．湯普森（John Thompson）這位年輕的地質學家則將研究中心帶進電子時代。雖然還是使用與過去同樣的設備，依舊是用美國氣象局發行的官方氣象溫度計、黃銅製雨量計，還有一支在一八九九年用螺栓固定在礫岩上的鐵棒，用以測量冰蝕湖莫宏克湖的水面，但湯普森打造出一幅數位地圖，當中的記錄可以回溯到一九二五年。自然研究在此有其一脈相承的連貫性，湯姆森「展開上述工作的年紀，」正巧跟當年年輕的植物學家戶特開始跟著丹尼爾進行植物辨識時的年齡一樣。在這裡，石英構成的岩石可不是唯一恆久遠的東西。

二〇一一年十一月下旬似乎是開車造訪這間研究中心的好時機。早些時候，艾琳颶風（Hurricane Irene）和熱帶風暴李（Lee）帶來破記錄的夏季雨量，為哈德森谷地帶來豐沛的水量，幾個月後，河水仍維持在高水面，支流帶來大量流動的泥沙，使河水呈現一片棕色。在十月底，緊接而來的一場異常大風雪，帶來四百三十二毫米的雪量，樹枝也因為不堪積雪的重量而被壓斷折半，電力則是中斷了五天。現在，十一月下旬，一個星期以來天氣異常地溫暖；路邊的連翹還開出金黃色的花，我鄰居池塘裡的金魚開始產卵。長期的氣候記錄可能將這些現象解釋成季節性變異，果不其然，在一個小時左右後，當我們齊聚在研究中心，圍坐在一張會議桌旁時，湯普森告訴我，在艾琳颶風期間一天的降雨量就達到約兩百一十公釐，打破歷年記錄；當年度的八月是記錄中降雨最多的八月，接著又是歷年降雨最多的九月；然後是降雪量最大的十月；過去一百一十六年來，平均溫度上升攝氏一．一度；而溫暖的氣溫則讓這地區的生長季增加了十天。

對我來說，這間研究中心所展現的專注力堪稱典範，比他們提供的實際數據更有意義。連續一百一十六年記錄在索引卡上的氣象資料以及十萬筆記錄，這代表著一種理解大自然具體而微的方式。長久以來，氣象學家、氣候學家、植物學家以及地質學家都將莫宏克的文獻檔案視為可靠和穩定的計錄典範。儘管我不是科學家，還是滿懷希望地前來學習這種精確觀察的範例。我相信，這種作法能讓我們見證地景的轉變，而且審慎、詳細，也有助於釐清含糊歧義。丹尼爾・史邁里去世後，後人為他作傳，將他描寫成「一個尋求客觀答案和模式之人，但不全盤將證據當作最終真理。」[1]

在莫宏克的史邁里研究中心，這樣的專注力展現在兩個層面。史邁里對一切的觀察都依循一套方法，精確而規律，從降雨量、候鳥造訪此處的日期乃至於舞毒蛾的防治管理。與此同時，他又賦與意外發現崇高的價值。雖然偶然的發現無法替代精心規劃的研究，他還是會將意外的目擊事件記錄下來。比方說，有一張關於發現豪豬的記錄卡，全文如下：

一九三〇年九月十一日，A．K．史邁里二世，在紐約州，莫宏克湖，湖濱路的森林道上看見一隻豪豬。我尾隨其後，豪豬幾乎是筆直地穿過鄉野，直到離開森林大道，在噴泉下急轉彎。牠看來沒有在覓食，似乎朝某個地方前進。此時已是黃昏。牠與我在相距不到一公尺的地方擦身而過，但絲毫沒有留意到我。據我所知，這是這裡第一次有人目擊豪豬的記錄。我聽說在克婁弗一帶也有看到牠們的蹤跡。

在卡片目錄中，這張資料卡和其他十幾張與豪豬有關的編目在一起；其意義要到日後才會彰顯出來。

這種對待世界的方式帶來許多問題：事實何時獲得意義？是在人類觀察到的時候？或是之後與其他事實彙整在一起的時候？又或者是日後，若是有可能將所有這些事實整合起來，能否就此歸納出一些簡單的真理？資料什麼時候會成為知識？在我看來，這問題並沒有一個簡單的答案。也許最多只能說，透過累積，累積到大量的目擊資料、觀察與印象記錄，就會從中產生出一種對地方的感覺，一種在地的歸屬感。

在我們許多人身上也都有史邁里這種做筆記的執著，園丁習慣草草記下哪種花於何時綻開，或是湖泊社區的地方報紙報導冬季冰融的時間。這些長期數據的彙集，對目前研究全球氣候變遷的科學家來說格外重要，而它們可能就來自於這些可敬的博物學家的筆記中。美國前總統富蘭克林．羅斯福年輕時有一本野鳥觀察記錄簿，一個世紀後，一位二十多歲的研究員將其納入，探討某些候鳥提早到達的現象與氣候記錄的關係上。[2]同樣地，波士頓大學的科學家，在研究麻薩諸塞州康科德市某些植物的開花時間因為氣候暖化而變動時，也用了文學家亨利．大衛．梭羅(Henry David Thoreau)在十九世紀中葉的記錄。[3]這些資訊，無論是鳥類遷徙、兩生類的棲息地、非原生物種的到來還是天氣模式的變動，對於分析自然界諸多轉變的科學家來說，極具價值。在科學專業化很久、成為一個以博士為主的專業人才的領域後，在收集和提供可靠的研究數據方面，博物學家的地位依舊屹立不搖，若是我們將當今博物學家所做的稱為「公民科學」(citizen science)＊，那是因為他們的流程、設備還有動機都是當代的產物。

＊編注：其實 citizen science 的參與者，並無相關「公民」資格之要求，但目前被使用的翻譯多為「公民科學」。其實，若以「公眾科學」稱之，應該更合乎這類活動的內涵。

丹尼爾・史邁里的觀察方式同時具有聚合（convergence）和發散（divergence）的特性。這不僅是觀看自然世界的方式，也是一種思考它的方法。首先是「聚合」，這是關於自然事件之間相互依存關係的認識，當涉及到氣候、動植物物種的問題，一件事往往自然地引出另一個。觀察自然界是在觀察一個複雜的關係網。再來是「發散」，有很多事情出乎預料，其發生完全不可預知，還有大自然不斷拋出的偶然性。要理解自然界是不可能不注意到這兩種面向。

關於這一切，也許還可換個方式來說，面對大自然時，有兩種關注的方式：一種是當你知道你要找的是什麼的時候，另一種是當你不知道你要找的是什麼的時候。

我自己認真培養注意力是從二〇〇七年五月的某個下午開始的，那天有一位來自紐約環境保育局的研究助理，他把卡車停在我們家門口，徵求我們的同意，想要進入我們家後面的樹林搜索一隻帶有無線電發報器的蝙蝠，訊息顯示牠就棲息在那裡。我跟著他一起上山。在那之後的幾個月甚或是幾年間，這次的野外出訪又帶來其他的出訪，也許是某午間前往哈德遜河的旅程，或是沿著其支流而行，造訪小溪的河床與看天池，又或者前往拜訪願意讓我尾隨他們實地調查訪問的科學家和教育家。當中有些人遵循嚴謹精確的資料表和明確的流程，但也有人是以比較隨意的方式來進行。有時這樣的關注是單兵作戰，有時是雙人小組，有時甚至是集體合作。偶爾會需要將一大片地區分成四個象限，並在其上套上網格。參與這些活動需要定期的觀看、計數，測量那裡有些什麼，確定增減變動。有時，是在觀察「衰退」，有時只是試圖去目擊見證一些不期而遇。

上述這一切僅是在說明，關注生活中任何重要事物時所依循的那些難以捉摸的程序與步驟。這些野外出訪自有其不同的節奏和程序，這樣的變化全都體現在這些書頁之間；本書的各章節並沒有提供執行公民科學的方法之類的東西。各章節所提供的內容和傳統的野外調查筆記不同，並沒有事實和數據，也沒有在資料頁上精確繪製的條目。相反地，這是一種寬鬆的隨筆，包括有注解、潦草的旁白、衍生的想法以及完全離題的思考，它們在這些難以意料的旅程中，確實經常出現在我腦海中。

我之所以想要記錄下自然界的事件，或是進入與科學家合作的志工團體，除了分享，也是因為想要弄清楚地形地貌不斷變化的原因。六〇年代，我在哈德遜河谷中長大，當時，這裡是塊農業區，很少出現郊狼和白頭海鵰的身影，記憶中也沒有旅鶇來這裡過冬的畫面。小花曼澤蘭（*Mikania micrantha*）這種藤蔓也還沒有沿著道奇斯郡（Dutchess County）的小溪河床蔓延開來，八月時也還沒出現千屈菜（*Lythrum salicaria*）沿著濕地增生的畫面。那時斑馬貽貝還沒有入侵到哈德遜河中，我們只知道牠是有毒的。之後，農藥中的DDT流入河中，不可避免地為河裡的大口黑鱸、鮭魚和鱸魚所吸收，海鵰捕食這些遭受污染的魚，蛋殼日益變薄，孵化成功率因而降低。回首這些早年的歲月，我依稀記得我們家附近那條路，路的兩側襯著一整排高聳的榆樹，直到荷蘭榆樹病（Dutch elm disease）爆發為止。

一九八七年，我三十出頭，和丈夫一起搬回哈德遜河谷中定居。在城市晃蕩十二年後，我漸漸明白冬日裡樹枝劃破天際所留下的那種刻印，十一月煙燻色的林地，還有三月份灑落大地的色彩，全都意味著家鄉。重返老家後，我發現這裡正處於變動的階段。我們之所以在院子裡發現白尾鹿，偶爾還有黑熊出沒，是因為湧入這裡的人太多，居民已侵門踏戶到牠們的原生棲地。一群印第安納鼠耳蝠在山上的刺槐樹中群聚繁殖，有人推測牠們已經從南部各州遷徙到這裡，因為牠們需要涼爽的氣候。大口黑鱸跟隨斑馬貽貝與菱角的腳步，一起侵入哈德遜河，重塑整個河谷一路往西的生態環境。然而，與此同時，白頭海鵰族群開始回復，時不時就看到十幾隻海鷗在浮冰上方翱翔。我們屋後樹林中的郊狼是另一批最近到來的訪客，森林復育和野生動物管理計畫順利恢復了野生火雞、河狸與漁貂的族群。就在去年三月，一名鄰居在我們房子後面通往山上的馬路正中間，還遇見一隻駝鹿呢。

更多罕見物種也開始出現，目擊牠們的事件頻傳，以一種不同往常又沒有什麼邏輯的節奏，接二連三地出現，有些情況幾乎讓人誤以為陷入幻境，好比說有一天早晨，我彎過通往山谷道路的一角，很驚訝地發現市鎮廳的某主管，手裡拿著一個套索，在路邊一臉困惑地站著。六、七公尺外的地方，站著一隻體型很大、其貌不揚的鳥，身高至少有一．五公尺，全身披著淡藍色的羽毛；後來我才知道那是一隻鶆鶓，是從附近的養殖場逃出來的。又或者是，夏季時節當我回到家時，發現四隻孔雀盤踞在我家的屋頂上，彷彿是從遭到遺忘的民間傳說中放逐出來。這幾隻孔雀是從養過外來鳥禽的鄰近農場所逃脫，一整個上午在屋頂揮舞身上華麗的羽毛，放聲鳴叫。那天下午，牠們在我們屋前的藍雲杉的高枝上棲息。一整天，我們都聽得到牠們咯咯聲和喊叫。到了第二天早上，牠們便都離開了。不久前，還有一個朋友告訴我，在某個六月的晚上，當他用完晚餐開車回家的路上，發現了一隻綠色的小型非洲鸚鵡，牠的羽毛散發光澤，為夏季黃昏帶來意想不到的一抹熱帶色彩。朋友把牠帶回家，餵牠吃點東西和喝水，隔天設法找到牠的主人。

若說這些充滿異國風情的動物為這地方帶來一種超現實的氛圍，那麼這裡的外來植物則帶來一種長年的存在感。挪威槭、蔥芥、河邊潮汐區沼澤地成片的蘆葦灌木叢以及似乎進入每片草地的野薔薇草叢，長久以來變得再自然不過，讓我們多數人都誤以為這些就是本地的原生種。其他植物則沒有那麼容易同化到生態系中。小花曼澤蘭每天以十五公分的成長速率沿著溪谷蔓延開來，而大豬草（giant hogweed），奇形怪狀地長出四．五公尺高的莖，葉長一．二公尺，反映出新一批入侵種的張揚姿態。在第一批以同樣的速度持續進駐時，第二批則以張牙舞爪之姿強勢降臨，講得極端一點，這些外來植物正大舉進駐到此處的地景中，絲毫沒有減緩的跡象。

很難不被這些棲地和動植物族群的變化著迷。它們有的正在落地生根，有些則是一去不復返。當然，自然界本就是一處不斷變化和演化的地方，充滿讓人意外的景象以及難以預料的事件。或者，用洛倫．艾斯利（Loren Eiseley）的話來說，「關於自然，沒有什麼是『正常』的」。[4]儘管如此，變化的速率以及其不可思議的走向，現在看來相當驚人，生物之間一系列意想不到的聯盟與離奇的出場方式，不禁讓人覺得，這應當是義大利藝術電影導演費里尼（Federico Fellini）接手執導《探索頻道》的影片，才會出現的場景吧！日益暖化的氣候為哈德遜河谷帶來更多酷熱的夏天（超過攝氏三十二度），冬季嚴寒的日數減少（攝氏零度以下）。波基普西（Poughkeepsie）淨水廠連續的長年記錄顯示自一九四六年以來，哈德遜河的水溫變暖了攝氏〇・九四五度，許多最高溫的記錄都是在過去十七年裡所創下。[5]在近幾十年來，春天降臨的時刻已有轉變：蘋果樹比一九六〇年代提早八天開花，葡萄樹是提早六天，紫丁香則是四天。候鳥來臨的日子也跟著改變，雙領鴴、北美山鷸、雙色樹燕、綠鷺都提早幾天甚至幾週到來。但若這樣提早的時程沒有恰好與牠們所捕食的昆蟲物種的族群數量變化相吻合，整個鳥類族群可能陷入糧食危機。[6]

有時候，我會胡思亂想一些不大可能的場景，想像在屋後的那片林子裡，所有這些動物聚集起來，召開一場大會，鸚鵡、孔雀以及鴯鶓，還有北美紅雀、山鷸以及綠鷺，齊聚一堂，討論如何重建棲地的問題，這些物種的奇妙共存，產生怪誕莫名的大和解，在此情境下，我們現今全都得以共存。頭上擺盪著從一條亮黃色麻繩垂下來的三角形的紫籃子，這像是節慶的裝飾的東西，其實是一個紫色稜柱做成的陷阱，是為了捕捉蛀蝕白蠟樹的一種散發金屬光澤的小型綠甲蟲，牠們總是在美國白蠟樹中吃出一條路來。這是場「位置錯亂」的嘉年華。在這種時候，我忍不住聯想，與其說這是一場地景的轉變，倒不如說是整個環境陷入一種紊亂狀態。

大家都在談論對一個地方的歸屬感，那麼這些自然界的來去生滅，又是如何帶來地方感呢？

上個世紀的藝術和文學以荒謬主義的（absurdism）表現形式為主軸。超現實畫家薩爾瓦多．達利（Salvador Dalí）融化的鐘面，法國作家尤金．尤奈斯庫（Eugene Ionesco）無邏輯的互換，以及劇作家山繆．貝克特無聲的對話，所有這些都讓我們重新思考和行動之間對不上的關聯、時間的彈性以及現代人類經驗中深不可測的特性。今天，任何對「不合常理、邏輯錯亂」有興趣的人，大可以直接走向戶外，便能一探究竟。雖然可能不太清楚到底是誰撰寫出這樣一處場景，不知道誰是導演，誰是觀眾，又是誰夢想出這一切，但確實可以很明顯地看到亂了套的邏輯以及斷裂的時序。我行筆寫這本書之時，正值二月。遷徙性的鰻苗已經出現在哈德遜河，比以往所有的記錄又早了好幾週；紐約市的日本梅花和山茶花都已開花，我自家花園裡的雪花草和水仙花也都發芽。河流和海岸線、森林和田野，現在這些全都成了上演這齣現代生活中最不可理解的戲碼的最佳舞台。二〇一二年道奇斯郡的地景充滿矛盾的景觀，這地方的森林面積比一個世紀以前多，但荒野卻變少了；這是一個我們期待質樸傳統，崇尚在地食物，品嚐時令食材的地方，但與此同時卻遭到白蠟樹蛀蟲、扛板歸和鷯鶓的失控圍攻；這地方的天氣模式變得日益不穩定，氣溫升高、雨量激增還有洪水發生。

一九六二年的某一天，我們舉家搬到紐約哈德遜河谷一處樹林和草地圍繞的老舊農舍，這房子是以灰色老舊木瓦建造的。在我們落腳後沒多久，有一天，我與父親走出我們十二公頃的家園。他想要在土地上做好標記，免得當地的獵人射殺園子裡的鹿。因此，我們花了一整個下午的時間，拿著布做成的標示，固定在我家土地的樹木上，每隔十公尺左右，就將這些標誌貼在楓樹、橡樹、山核桃、櫸木和梣木上。上面印有「請勿侵入」(NO TRESPASSING) 的黑色大字，下面再以比較小的字體註明非法侵入的解釋，以及我父親的名字。隨後，他還向我指出我們家土地的兩個標記：在我們土地四個角落中的兩角，就在路口，標示清楚，另外兩個在樹木繁茂地區的角落，用灰色平坦的大石頭當作標記。

幾十年後，我經常想起那次與父親走去林子裡的情景。我丈夫和我從來沒有機會擁有那麼大的土地，因此也無須擔心張貼標記的問題，即使我們有這樣的土地，我覺得「宣稱一塊土地的所有權」對我們來說是另一種概念，絕不是用布條標記樹木，或是用石頭標記位置。這很難定義，而我只能說我的定義是：這主要在於觀看，在於關注。而且我們所有人，不管是遇到駝鹿的鄰居、發現鸚鵡的朋友還是捕捉鴯鶓的鎮長，可能都會發現自己對周遭環境產生這樣的關注之情，那是基於一種好奇心、擔憂與保護心態的集體意識，以及一種似乎特別能夠呼應這個時代人類情感反應的凝聚力，而開始觀察。只有這樣，才說得通這一切。

許多文獻資料都討論過人類如何疏離自己的土地，遠離土地是我們文化的一部分。美國人口普查局表示，在六個美國人中，每年就有一個會搬家。在我們住的地方，地方上的報社全都消失了。隨著郵政業務繼續陷入財政困境，全美農村地區的地標——小郵局，也逐漸步入歷史。保存下來的地方建築主要都是為了緬懷舊日風情，街角婆婆媽媽閒聊聚會的雜貨店也早就為全國連鎖商家所取代，全都蓋成一般的金屬材質的雙重斜屋頂的建物，就跟在威斯康辛州或加州的任何一家店沒兩樣。通訊技術所帶來的奇蹟讓人彼此相連，這樣的人際聯繫方式進一步稀釋地方感；因為手機、短訊、電子郵件和Skype，讓我們輕易離開身處的地理位置，容易耗損掉我們對目前自己所在之處的歸屬感。全球定位系統重新調整我們對空間框架的參照。傳統的地圖是以標註好的地標和邊界來讓使用者定位，使用者得在頁面上來回穿梭，全球定位系統（GPS）則讓觀者永遠位於螢幕的中央。一次次的重新定位讓我們喪失對周遭地理環境的意識，減損了傳統印刷地圖幫助我們建立起來的「對在地的認知地圖」。一位研究這項科技如何破壞我們空間感的心理學家曾說過：「若是敲壞你的GPS，你會發現自己迷路了。」

生態心理學是心理學的一個分支，主張個人的健康與自然界的健康息息相關，心靈需要和自然界的紋理、節奏與週期合而為一，以保持完整；而當人的心靈與自然的關係破裂，就會生病。為了定義這一新興研究領域，丹尼爾・史密斯（Daniel B. Smith）在《紐約時報》發表了一篇文章，當中寫道：「正如弗洛依德認為精神官能症是因為我們無視自己根深蒂固的性和暴力的本能所造成的後果，生態心理學家則認為，悲傷、絕望和焦慮同樣是來自於我們無視自己根深蒂固的生態本能所導致的。」這種人類行為的觀點也與生物學家、博物學家兼作家的愛德華・威爾森（Edward O. Wilson）的親生物性（biophilia）理論密切相關，他主張我們和自然系統的關聯是與生俱來的，具有演化的成分；而且「生物的基因整體性、親緣關係和深厚的歷史感，將我們與生活環境相結合的諸多價值，是我們自身和人類這個物種的生存機制。」[8]

我們之所以罹患心理疾病是因為生活在一個生態錯亂的世界嗎？在我看來，這問題尚未有定論，很難說是因為我們遠離自然界，而帶來更大的憂慮感，還是說我們現有的其他壓力導致我們與自然界漸行漸遠，產生更強烈的疏離感。我懷疑這兩者或多或少都有一些真實的成分，而且事實上，這可能是無限循環的迴圈：我們越是憂慮，越是想要遠離自然，我們越是與自然疏遠，焦慮感越是在我們心中生根發芽。

儘管是這樣講，又或者真的是直接受到那種想法的影響，我們當中有許多人似乎企圖尋找某種對一塊土地的歸屬感，無論是透過觀看、命名、計算、建檔或是以其他方式記錄下來那些在我們身邊展開的自然事件。《哈德遜河年鑑》(*Hudson River Almanac*) 是一部線上的自然史雜誌，每週收集對這條河的觀察。提供觀察記錄的可能是科學家和研究人員，或者也可能是居住在河上或是靠近河邊，關注環境的一般居民與和學童。在哈德遜河一帶的觀測中，有來來往往的大藍鷺、白鷺、鶚鷲和燕鷗，還有突然出現的美洲大芷蝶或是灰海豹。《年鑑》捕捉到潮水所帶來的，以及所帶走的。

當中某條目記載著，「秋天已經具體展現在這條河中，從許多方面都可察覺，不管是在風和潮汐的帶動下，出現一公尺高的浪，還是像今天這樣風和日麗，可以看到卡茲奇山的殘影映照在哈德遜河的河面上。斑腹磯鷸點過水面。沿著河岸，有隻成年白頭海鵰，幾乎跟一棵近白的美桐融為一體。」另一條寫著：「觀察者若能針對觀察目標的行為習性來隱藏自己的行蹤，那麼近距離觀察的機會便能水到渠成。當我站在上風處，定住不動，在離我不到十五公尺處，一隻白尾鹿（eight-point buck）從樹林中走了出來。我連大氣都不敢喘一口，眼睛因為不敢眨一下而疼痛。這頭白尾鹿慢慢穿過一個狹窄的開口，然後消失在另一棵樹的陰影中」。還有另一條記載著：「今天早上水坑結了約莫半公分厚的冰。一隻身上披著令人羨慕的厚毛皮、體態壯碩的郊狼快步走到掩埋場的上方，監視我的舉動。我發現一小群紅翅黑鸝，與二十來隻旅鶇與牠們的『同伴』雪松太平鳥。整個背風的山坡上散布著藍鶇，牠們的藍比晴天時的天空還藍。」[9]

我想丹尼爾·史邁里若地下有知，對這一切記錄應當會很感到欣慰。就跟他做的記錄一樣，所有這些志工的記錄就存放在那裡，會被加以歸檔，保存下去。就像他的筆記，這些記錄散發著一種詩意，是一種毫無裝飾的抒情文體。而且，就跟他的觀察一樣，這些記錄包含了自然事件的「聚合」（convergency）還有「發散」（divergency），同時包括了預期的當季事件以及意料之外的種種發生，由此彙整出哈德遜河谷生態的廣大資料庫。《哈德遜河年鑑》的條目以及史邁里的索引卡可能同時反映出一種永恆而普遍的衝動，也呼應著十七世紀日本詩人松尾芭蕉在遙遠的過去對世人的勉勵：「松之事習之於松，竹之事習之於竹」。這是一種現代人的自然回歸。

在史邁里研究中心的會談中，約翰·湯普森提過他對在氣象站以自動化設備來替代人工每日記錄的疑慮。他告訴我，每天要測量的參數多達十八種，其中包括降雨、霧、雪、凍雨、打雷、靄、霾、雹、冰珠和霜。「你可能會記錄到更多的數據，」他承認：「如果你想要的話，可以每十五秒鐘就獲取一次讀數。但是，如果不親自走到那裡，就有可能錯過你沒有看到的東西。你可能不會看到日暈。或是錯過春天的第一隻菲比霸鶲。除非你用自己的眼睛去看，否則有些東西你就是不會知道。」

儘管如此，光是用自己的眼睛看可能還是不夠。一個事實什麼時候能獲得意義？觀察到的事實不一定就成為已知的事實，這讓我想到另一種不同的日誌。在二〇一〇年四月二十日墨西哥灣「深水地平線」（Deepwater Horizon）鑽油平台爆炸後不久，在那裡的海面下約一千五百公尺處安裝了可傳送即時畫面的攝影機。直到七月十五日封住漏油處之前，每天全美都看得到漏油的畫面，就在電視螢幕的右下角，不斷播放著黑色原油噴出好似羽狀物的畫面。但是，儘管幾週以來我們透過直播的漏油記錄面對相同的景像，我們卻仍無法達成共識。最初認為每天漏出的是一千桶，後來又說是五千桶，然後是四萬，接著又是六萬。面對滾滾流出的石油，沒有人知道要如何衡量估算，無論是海洋生態學家、工程師、漁民、石油鑽探師或評論員。就算你可以親眼看到，你也不見得知道它究竟意味著什麼。

無論是比晴空更藍的藍鶇，還是漏油的羽狀物，都需動用想像力來解釋我們眼前的事物。這份想像力出現在《哈德遜河年鑑》中，也在其他地方浮現出來。在我幾次出訪行程中，我看到許多實際例子。一位九一一事件罹難者的遺孀，她發現清理哈德遜河的菱角很有撫慰身心的效果，帶給她一種繼續活在世上免於行屍走肉的感覺。一位遭到ＩＢＭ裁員的經理，發現可以將她的管理技能用來記錄看天池的生態變動，還有一位天主教神父規律地從事體力活，推著他的除草機，清除教會旁邊導致草地和樹木枯死的扛板歸。現在我覺得，他們所有人可能都是在尋求某種客觀的答案和模式，儘管他們無意將這些證據當作是最後的真相。也許這就是想像力運作的展現。

似乎可以肯定地說，當我們對一塊土地的存在感磨損殆盡之時，上述的努力會重建我們對這份土地的歸屬感；當身邊有這麼多紛紛擾擾的事物，讓我們幾乎遺忘自己所住的地方，這些努力可以重建我們對土地的歸屬感，提醒我們這些地方的重要性；這樣的努力將我們重新定位，讓我們生根。在幫忙計算哈德遜河支流遷移鰻魚數量的志工中，有位十幾歲的女孩告訴我，「這很有趣。這是意料之外的驚喜。這是我為社區所做的事。我現在更瞭解鰻魚，我才剛學到許多之前完全不知道的事。」她的話和她的作為完全呼應丹尼爾・史邁里的信念，「自然對人來說具有美學、哲學和精神上的價值。」

這本書中所有的故事都發生在哈德遜河谷中，是屬於那裡的動、植物，那裡的支流、濕地以及圍繞其中的荒野和林地。不過，這些人對周遭環境的關心和關照的特質可以在其他地方看到。現在全美各地都出現類似的組織。墨西哥灣漏油事件後，阿拉巴馬州沿海城鎮出現大批號稱為「護龜使者」(turtle people) 的志工團體，他們聚集起來，收集大海龜所產的卵，包裝在保冷箱中，安排好運輸工具，將卵送到沒有遭到油污污染的佛羅里達州海灘。這批普羅大眾與佛羅里達州魚類暨野生動物保育委員會 (Florida Fish and Wildlife Conservation Commission) 和美國國家海洋暨大氣總署 (National Oceanic and Atmospheric Administration) 的國家海洋漁業處 (National Marine

Fisheries Service）共同合作，順利完成撤離龜卵的行動。在新罕布夏州，一名也是資深楓樹農民的退休教師，找來一批小學學童，請他們幫助收集和研究因為暖化而生病的楓樹汁液。在加州，一批「加州路殺觀察系統」（California Roadkill Observation System）的志工記錄了遭車輛殺害的動物。他們將照片、GPS座標和物種資訊彙整成一份路殺的詳實目錄，日後可用於道路的環境衝擊影響評估，並且有助於改善道路的鋪設、維持和標記。還有一個「遷徙行動」（Operation Migration）組織，致力於復育瀕臨滅絕的美洲鶴族群，以飛行訓練引導幼鳥，這批「鶴人」（craniacs）和生物學家合作，身著連身白帽衣服，引導美洲鶴返回牠們的飛行路徑。在這些以及其他更多個案中，那些關注環境、又會使用智慧型手機，或是GPS設備的志工，便成為絕佳的環境託管人（environmental stewardship）。

「公民科學」（citizen science）一詞最早是由英國社會學家艾倫・厄文（Alan Irwin）所提出，用在他一九九五年發表的書名中，不過在厄文的書中，這個詞與科學、技術和社會政策比較相關。同年，康乃爾鳥類學研究室（Cornell Lab of Ornithology）的教育主任里克・邦尼（Rick Bonney）在向美國國家科學基金會申請計畫時，也用了同樣的字眼，回首過去，他表示：「當我從辦公室窗口向外望去，我突然想到這個詞，可以用來替代『業餘科學家』。沒想到後來竟然會受到廣泛的使用。」[10]當然，這個詞似乎能貼切形容這間研究室長久以來的志工計畫，從一九六五年的「鳥巢記錄卡計劃」（Nest Record Card Program）、一九八七年的「餵食台觀察計畫」（Project Feeder-watch）到今天各式各樣的計畫（見附錄）。這間研究室在其網站上寫到，所謂的「公民科學」是「用來形容一系列的想法，從公眾參與科學論述的理念到社會良知驅動科學家的研究等。在北美，公民科學通常是指科學家與志工合作從事研究，特別是（但不限於）擴大收集科學數據的機會，提供社區成員獲取科學資訊的管道。其操作型定義是，我們策劃志工夥伴與科學家合作，以回答現實世界的問題。」

其他人對此的看法更為寬廣。朱迪思・恩克（Judith Enck）是美國環保署第二局的局長，她以更寬廣的方式來為這個詞下定義。「環保署不可能同時出現在所有地方，」她說：「我們需要得知哪些問題值得注意。人民就是社會的眼睛和耳朵。因為我們投身環境正義，公民科學對我們非常重要。」恩克指出，環保署需要靠公民科學來協助他們判定公共衛生問題的來源，無論是空氣污染，水污染，或是其他截然不同的東西。正如她所言，社區總是第一個發現問題的，無論是造成氣喘的有害空氣污染物，還是從合流式下水道排出恐污染當地水源的污水。恩克提到一段之前放在YouTube上的影片，記錄了未經處理的污水在暴雨後沿著紐約市的溝瓦努斯運河(Gowanus Canal)下行的經過。她表示，拍攝這些影片的人，「就是是真正的公民科學家」，她認為只要會使用「任何工具，著重在科學測量或描寫」的人，都可以算是公民科學家。[11]

邦尼現在傾向於使用「PPSR」這四個英文字母縮寫來代表「科學研究的公眾參與」(Public Participation in Scientific Research)，那涵蓋各種研究模式。正如他在二○○九年的報告中所指出，這些模式牽涉到的公眾參與程度不同。邦尼在報告中將計畫分為三類：「貢獻性計畫，這些計畫通常是由科學家所設計，公眾主要是提供數據；合作性計畫，一般是由科學家設計，讓公眾提供資料，但參與成員也可以協助改善計畫的設計、分析數據、或是散播研究結果；共創性計畫，這是由科學家和一起工作的公眾成員一同設計，當中至少有一些公眾參與者會積極參與整個或大部分的科學研究過程。」[12]

在本書中，我自己偏好使用「公民科學」這個詞，並刻意採用這詞最廣泛的定義。我無法確定科學研究中所有的公眾參與都是公民科學，但我確定，至少在此刻，這類組織正處於一個新興階段，還沒有固定發展模式，故可以涵蓋較多樣的合作形式。志工、科學家和監管機構的夥伴關係可能維持著一種鬆散的合作關係，有時是建檔和研究，有時則是整治和復育等。正如邦尼所言，「有這麼多不同的模式在那裡。我真的不在乎要怎麼描述他們，只要能順利運作就好。」[13]

無論是地方的、區域的還是全國的，公民科學家正在持續一個值得珍惜的美國傳統。業餘博物學家，以及他們對自然的節奏和擾動的關注，一直以來都是這個國家文化生活的一部分，他們對此的關注植根於我們所繼承的傳統。過去居住在這裡的原住民長久以來尊重和崇敬他們周遭的世界。肖尼族（Shawnee）酋長特庫姆塞（Tecumseh）一生之中大多數的時間都在為傳統領域而戰，他拋出的問題至今仍在環保運動中引發共鳴：「賣一個國家！為什麼不賣空氣、大海以及土地？難道偉大的靈不是為了祂所有的子民而造出世間萬物嗎？」

當歐洲人在幾世紀前抵達這裡，尋找新生活和新的治理形式之際，也將其搜尋範圍擴展到對這片新大陸的自然景觀的讚賞和好奇。以科學探究聞名的托馬斯・傑佛遜（Thomas Jefferson），引進各種作物和樹木到蒙蒂塞洛，對動植物以及他維吉利亞州家鄉的群山和溪流都甚感興趣。身為農人，他研究了農作物的輪作、種子發育和土壤栽培。約翰・繆爾（John Muir）研究地質學和植物學，儘管從來沒有獲得學位。文學家愛默生（Ralph Waldo Emerson）前去神學院就讀。約翰・巴勒斯（John Burroughs）擔任過教師、農人及財政部的雇員。約翰・詹姆斯・奧杜邦（John James Audubon）唸的是軍事學校，在繪製出他令人嘆為觀止的美國鳥類在其自然棲息地的圖譜之前，當過教師和動物標本製作師。而丹尼爾・史邁里拿的是哈弗福德學院的工程學學位，而不是植物學或生物學。他們的工作特點不在於正規的科學教育，而是秉持科學與人文得以整合的信念，加上一份投身參與管理的承諾，以及抱持充分參與自然世界能夠豐富人類經驗的信念。

今日的公民科學家秉持這一傳統。就跟他們的先行者一樣，他們的工作經常與女性主義神學家薩莉・麥克法格（Sallie McFague）的主張相呼應。她建議我們將自己視為與其他生物共享地球資源的室友，不僅要與當下的生物共存，還要考慮到未來的住戶，因此必須遵守三個規則：「只拿取自己的配額，離開前自行清理好，為未來的居住者維持良好屋況。這不是我們自己的房子，只是借給我們在有生之年使用，我們必需遵從上述規則，讓之後搬進來的人，可以繼續在這房子中生養休息、成長和安頓身心。」[14]另外有幾項因素也讓今日的環境託管人和前人有所不同，我們可能感受到一種全新的迫切感。正如美國前副總統高爾（Al Gore）所觀察到的，收看晚間新聞就像是穿越〈聖經．啟示錄〉(Book of Revelation)的一場大自然健行。無論是氣候變遷、全球人口突破七十億、棲地喪失、全世界海洋生物滅絕，還是永凍土融化，我們生活在一個經常因為人類本身而引發自然災難的時代。無論是多瑙河中的紅色有毒污泥、亞馬遜的林地砍伐還是日本福島的放射線，這些「攻擊」有其系統性的週期，一如季節和氣候。若說這種迫切的危機感驅使一般人產生一股新的使命感，並不算太過誇張。

另外還有全球定位系統、數位攝影、網路資料庫和可以幫助收集和分享可靠資訊的互動式網站新技術。志工所收集的記錄現在可獲得妥善利用。而我們現正處於一段前所未有的新數位工具發展時期。比方說，下一代的偵測器其體積可能會更小，價錢更便宜，更容易與網路連結；這些將擴展空氣和水的監測工作，將其尺度轉變得更為廣泛，從個人、社區到城市、州政府甚至是聯邦。[15]在其他地方，研發部門也看重這股自己動手做和開源系統的新趨勢。就拿開放科技來說，一項國際倡議計畫提供廉價航空測繪工具組，包含有氣球、線路、工作手套以及吊裝一台數位相機的種種附件，讓一般人也能繪製航空地圖，用以監測和記錄種種漏油、外洩以及其他在空中記錄最為適合的環境污染事件。

同樣地，透過志工來收集大量資料，對資金來源日益緊縮的科學社群來說，也有其經濟價值。所需的資訊廣泛可見。氣候變遷對物種的影響可能有四個方面：棲地的範圍，體型、外表或行為的改變，基因頻率，以及物候學。[16] 植物的開花、春天時鳴禽的到來以及蝴蝶的族群，全都是容易引起公眾注意的現象。廣大的志工群也增加造訪私有土地的機會，這是傳統的研究管道中，很難進入的地方。一篇刊登在二〇一〇年的《生態學與系統分類學年度回顧》（*Annual Review of Ecology and Systematics*）期刊上的文章甚至表示：「眾多的應用和基礎生態學歷程發生在廣大的地理範圍，不是一般研究方法所能處理。公民科學也許是唯一可行的辦法，能夠達到記錄生態模式以及處理諸多環境問題所需擴及的廣大區域，諸如物種分布範圍改變、遷徙模式、傳染病散播、大規模族群趨勢以及地景和氣候變遷等環境歷程的衝擊。」[17]

今天，多數博物學家共享的最終特質可能是他們傾向於合作的方式。過去，對自然的關注往往是一份孤單的工作，前輩往往得掙脫社會瘋狂的節奏與步調，獨自前去觀察，記錄他們的發現。亨利·梭羅在池塘邊有座小屋；約翰·繆爾要步行到海灣，李奧波德在河邊也有一個陋室。現在，自然主義（naturalism）往往成了一集體事業，是由志同道合的公民組成的社群。二〇一二年冬季，當雪鴞從北極遷移到緯度較低的全美四十八個州的數量意外增高時，所有的目擊報告都彙整在eBird這個由康乃爾鳥類學研究室和奧杜邦學會維護的網站上，好讓關注此現象的賞鳥者，共享訊息，引發大眾廣泛的興趣並產生大量知識。愛德華·威爾森曾說過：「環境管理是形上學的另一面，在當中，所有反思的人肯定能找到共同點。」[18]

從事這些活動的參與者可能純粹只是想要到戶外而已，或者，他們就是出於一般的保育動機。也許他們正在監看自己社區中可能會影響公眾健康的一些條件，他們甚至可能會投身於更特定的議題，對教育、研究和政策帶來潛在的影響。不過，光是置身於自然界一段時日就會帶來復原感，若是這樣的參與最後產生一定的社會價值，那麼這份復原感會變得更為強烈。若是能進一步加強科學研究和土地利用之間的夥伴關係，復原感也會增強。調查看天池可能是見證春天到來、讓人恢復活力的方式，但是當調查結果得以改變地方規劃者在思考空地的價值時，這樣的經驗會變得更有意義。調查哈德遜河裡美洲苦草床的數量是早晨到河邊划船的好藉口，而且當數據反映出水質量測的事實時，人與河的連結又變得更深一些。每一年，我的朋友道格·瑞德都會參加「認識哈德遜河生命的一天」(A Day in the Life of the Hudson River)的活動，活動期間，環境教育工作者會與學童組成團隊，去採集沉積物樣本、檢測水質、鑑定魚種、測量河水鹽度，不然就是學習收集與分享這些關於河口的資料。參加的人數每年以兩、三倍增長，他說：「他們還會回來。他們被吸引住了。這就是當學生拿著網子踏進河裡後會發生的事。」

所有這些人的努力，也可用所謂的「轉譯生態學」（translational ecology）來描述，這是由紐約州蜜爾布魯克（Millbrook）的卡里生態系研究所（Cary Institute of Ecosystem Studies）的所長威廉．施萊辛格（William Schlesinger）提出的，這門學科是因應生態學家急需尋找新方法來傳遞訊息給公眾和決策者。他觀察到新興的「轉譯醫學」（translational medicine）能夠幫助醫生傳授研究新知和新療法給患者，這樣一來，可以將醫學研究帶往藥物開發和臨床治療上，同樣地，類似的夥伴關係也可用來讓一般大眾學習「科學發現的含義，並瞭解他們對這類替代性生態調查所造成的影響。」而且，他認為，若能將生態學與利害關係人連結起來，「應當可加強生態概念的理解和應用，確保將嚴謹的科學應用在這世界面對許多的環境挑戰上。」19

當利害關係人與生態連結，可以形成很深的關係。無論是帶著網子踏進河裡，拔除入侵的藤蔓，還是在其他一些體驗活動中付出努力，就算說在自然界重新發現秩序感，是一種尋找人生途徑的方式，也不算是言過其實。也許這是洞悉生態心理學家所謂「生態潛意識」（ecological unconscious）的一種方法。調查苦草可以回應尚未有人研究踏足的領域；找出一處看天池，則是回答一些乾旱原因的手段。無論何時，一個人只要留心關注大自然，就會看到一份內容更為廣泛的教案。千屈菜是一種引進的植物物種，我們可以從對它的管理方式中，找到將陌生事物納入生活之中的方法。

我自己在這片土地上出田野的經歷，可以用來衡量我小時候所認識的哈德遜河谷到今日所居住的差異。不論是計算進入哈德遜河支流的鰻魚，或是查看五月前來產卵的鯡魚，還是在隆冬季節計算白頭海鵰的數量，這些數字或多或少都有助於我精確衡量這段物、我之間的距離。

從這時起，我一直在想，這些野外工作是否是多年前我與我父親在樹林裡散步的延續。多年來，時不時地我會重訪這些樹林，甚至多次用網路來追蹤其後續狀態，發現「Google地球」能夠將我帶回這些樹林和草地。在我的辦公桌上，透過游標，就可以去到幾里之外，幾年之前的去處，有時我會想辦法再次回到那些熟悉的路徑。但這可不是件容易的事，有些路徑雜草叢生，為灌木叢所覆蓋，當年的蘋果樹早就不見蹤影。再來，我筆電腦螢幕的解析力也無法顯示出楓木、櫸木和樺木林是否一如預期地為橡木和山胡桃所取代。我也看不清楚山雀和紫紅朱雀的族群是否減少下降，而靛彩鵐和北美紅雀的數量則順勢增加。[20]

有時，我的旅行伴隨著一種截然不同的配樂。導演克里斯．謬克（Chris Milk）打造了一部互動式影片網站：《荒野市區》（Thewildernessdowntown.com），邀請訪客回顧他們兒時的家園。在輸入家裡的地址後，會同時看到「Google地圖」、街景服務並且聽到「拱廊之火」（Arcade Fire）獨立搖滾樂團創作的音樂，在「當切掉燈光，我就被留在這片荒野街區中……」的歌詞中，將參訪者帶回到過去。在這部片子中，一名年輕男孩跑到大街上，隨著他邁步奔跑，空中的鳥兒變換不同的陣列。畫面呈現出過去的街道和街坊鄰居，然後鏡頭又拉回來，旋轉整個景觀。

網站建議你「寫一張明信片給住在那裡的年輕的你。」

我還記得丹尼爾．史邁里在他這一生的觀察中，寫下十萬張左右的索引卡，過去幾十年來，《哈德遜河年鑑》裡也增加了上千筆註解。何以我們會有將自身和所愛的地方相連結的衝動呢？我對這樣一份天生而持久的欲望感到驚嘆不已，無論是表現在一部互動式的音樂影片中、在一份數位的年鑑中，還是在一張三乘五英寸的綠色索引卡上。這些努力全都是基於記錄和保留是某種必要方式的領悟。我想，這一切都可能會成為我的那張明信片的草稿。「我想念你，我想念過去我們所有的人，我想念我們大家一起的生活，」我可能會這樣寫。或者，我可能會更心急一點，也許我會寫：「這全是很久以前的事了。但蘋果樹現在在哪裡？」又或許我不會這樣說，而是一個全然不同的起頭。

總之，本書接下來的章節，就像是寫給我曾經生活過的地方的一封信，行文用字比較像是書信體裁，而不像我遇到的那些科學家、公民或其他人那樣詳細的實地考察筆記。對我來說這些旅行，與四十年前我和父親到樹林裡散步的那次，是一系列的平行發展。不過，由於「侵入」（trespass）這個字眼現在的含義要比那時更廣泛，我試著在文稿間調整文字，就像是修改小時候張貼在樹上的那些小布條標示一樣，界定出我現在所居之處，我所知道的這個地方，以及我對這個地方的主張。

CHAPTER

2

刺槐樹中的蝙蝠

Bats in the Locust Tree

二〇〇七年夏天的時候，我三不五時就會走上我家後面的山坡。通常是在黃昏時分，那時蝙蝠會離巢。這就是我在追蹤的那些蝙蝠。懷孕和在哺乳期的蝙蝠會集結成群來育幼，牠們彼此分享的體熱對後代的健康非常重要，而山上的樹林裡，就有這麼一處印第安納鼠耳蝠的育幼群（maternal colony）。雖然在一九六九年被列入瀕危物種名單上，印第安納鼠耳蝠的族群數量在二〇〇〇年達到穩定，最近，牠們在包括紐約州在內的北部各州的分佈範圍都有擴展。目前還沒有明顯的證據指出這樣的分佈範圍轉變是否是因為氣候變遷影響森林生長所造成的。在冬季，上萬隻蝙蝠集結成群，然後進入目前已知的各種礦坑和洞穴冬眠，但我們對於牠們夏天分散各處的族群分佈狀態所知甚少。為了要瞭解牠們族群的轉變，紐約州環境保育部的「魚類、野生動物暨海洋資源處」的生物學家一直在追蹤蝙蝠夏天的分佈範圍，收集季節性移動和棲地需求等數據，物種的生存可能取決於這方面的知識。物種的生存具有廣泛的意義。牠們是夜間生態系自衛隊的尉官，光是一隻蝙蝠就能在一個晚上吞食數千隻昆蟲。

估計約有六十隻蝙蝠佔據我家後山，不過目前並不確知這個數字是否會維持。當地居民會在傍晚蝙蝠離巢時計算其數量，這樣可以省去環境保育部人員的麻煩，不用特別從奧爾巴尼開一個半小時的車前來，只為了二十分鐘的計數工作。雖然這本來就是我想參與的公民科學計畫，但還有另外一個原因讓我決定突然造訪這批住在垂死刺槐中的蝙蝠：其枯萎的樹枝展現出，即使是最脆弱的系統也可以容納遷徙者。

五月初，我和一位曾經參加過追蹤計畫的二十二歲實習生傑夫．卡森（Jeff Carson），第一次健行到那裡。他曾和阿爾．希克斯（Al Hicks）一同工作。希克斯是奧爾巴尼野生動物局的生物學家，此機構隸屬於紐約州環境保育部。幾個星期之前，約莫三萬隻印第安納鼠耳蝠從羅森戴爾（Rosendale）一處礦區的冬眠中甦醒，往西橫跨哈德遜河，他們捕捉了當中的二十隻。希克斯的團隊記錄了這些蝙蝠的重量、大小、性別、生殖狀況、捕捉到的時間，在野放之前，餵食牠們麵包蟲、蟋蟀和水，養在一個安靜、溫暖的地方，並且以外科用黏著劑將微型無線電發射器黏在牠們背上。發射器內的電池約有二十天左右的電力，差不多就跟黏著劑的作用時間一樣，這樣就能在此期間追蹤蝙蝠的路徑。一架配備GPS測繪軟體的飛機先追蹤牠們最初的飛行方向，之後，由地面工作人員跟蹤牠們到其夏季的棲息地，在那裡監測牠們的數量。

傑夫自願加入這項研究，拿著天線和接收器為我們帶路導航，他接收到來自這片樹林裡某個地方的信號。出於好奇心，我要求跟隨在他身後。不過還有別的東西在我腦中作祟，這比較接近人類與生俱來那種想要親眼目睹好運的欲望：當好運降臨到你頭上時，你會想要看看它究竟是什麼樣子。

那時正值初春，山邊的岩壁下方還留有冬天的標記，可見到水從中滲出。融化的雪水形成一道道的沖蝕溝，如今又因為約一個星期前的那場暴雨而下切得更深。現在，山的側邊看起來幾乎是鋸齒狀的，有些地方整片為泥巴所佔據。即使在這樣的海拔，也會出現意想不到的池子。不過，到處長著野生紫苑、一叢叢的野蒜，一簇簇地被植物正開始從枯葉下方萌芽。冒出來的葉子都染上早春特有的黃綠色，但還不是很多。古老的石牆穿過樹木繁茂的山坡，也標誌著罕見的古老石基。在一相當傾斜的山坡上，地勢逐漸改變，隨著高度上升，只有松樹能夠竄出，後方則是春雨過後理出來的一片平坦草地，其中交錯著鹿走過的小徑。隨著山勢越來越陡，這些環境變化造成無線電信號到處反彈，難以再追蹤蝙蝠行進的路徑。

一次又一次，我們都以為找到了牠們的棲所。蝙蝠會棲息在有很深的裂縫和凹陷的樹中，或是樹皮較鬆、能夠讓牠們在樹皮下藏身的樹，在橡樹、榆樹、楓樹、樺樹、山胡桃和刺槐組成的森林中，牠們有種種可能的避風港任其選擇。濕地旁一大片枯死的榆樹肯定相當合適，但並沒有信號。幾分鐘後，我們經過一棵雄偉老邁的美國胡桃。「這裡就對了啦！」傑夫說，但希望還是落空，牠們不在那裡。我們只好繼續往山上走去，因為這種追蹤方式需要來回折返，反覆在「之字形」的路徑上試探，任何認真找過東西的人應該對此都很熟悉。雖然可以走上老獵徑和鹿走的小路，我們還是得依循聲音的訊號，踏上更難以捉摸的路徑。「這比之前的任務都來得困難，」他說，比較像是在自言自語，而不是在對我說話。法國作家兼哲學家加斯東・巴舍拉（Gaston Bachelard）以「渴望的路徑」一語，來表示當人在尋找從一地到另一地的最好方式時，即興創造出來的路線。儘管景觀建築師和規劃者會打造出人行道，然後用鋪料界定出它們的路線，不過人總是會發現更直接、更直觀的前進方式。就像在這片樹林中，無論是水流、鹿或火雞所踩踏或形塑出來的路徑，每一條似乎都是渴望的路徑。

但是，當我們下切到山脊下方幾百呎處，又收到穩定的訊號，緊湊的鳴聲引領我們來到一棵老刺槐樹前，這棵樹約有二十幾公尺高，樹皮的裂隙很深，看來是個營巢的好所在。在美國環境保育部的魚類暨野生動物處所發的摺頁中，介紹印第安納鼠耳蝠的皮毛是「暗灰栗色，而不是古銅色，背部的毛，其基部則為暗鉛色。這種蝙蝠的腹面呈現些微粉紅到肉桂色，後腳小巧細緻。」我完全沒有看到任何符合這種描述的東西，但是當我們認真傾聽，確實聽到牠們絮絮私語。蝙蝠是用聲音來定位的；牠們的回聲定位能力能夠引導牠們，給牠們空間感和覺察物體，使之能夠定位獵物。但是這聲音，這一系列微小的咔嗒聲，以每秒十下、二十下、四十甚至兩百下的頻率在震動，超出大多數人的聽覺範圍；正是這種短波的高頻率波動產生的回聲讓蝙蝠得以藉此認識牠們的宇宙。人類其實生活在一個我們永遠不認識的聲音帝國中，我們的聽力範圍將我們限制在一定的聲音範圍內，介於大象發出的隆隆低鳴和馬島猬彼此溝通、摩擦身上的刺時，所發出的超聲波銼磨聲。我知道我所聽的那樣細微的低語只不過是蝙蝠創造出的聲響世界的一小部分，不過聆聽這樣的竊竊私語，就讓我覺得自己彷彿站在這個遙遠的聲音王國的大門前，其內的一切只能靠我自己來想像。

「這是一個完整的群集，」傑夫說。他量了樹的胸圍，約四十公分。接著，記錄了這棵樹的狀況：垂死。他記下棲息處的類型：樹皮。記錄下樹皮的覆蓋範圍：百分之八十以上。他觀察了樹冠披覆程度：中等。他記下GPS座標，以便之後工作人員前來計算離巢數量時，容易找到這棵樹。他把這些全都記載在一張資料卡上，在這一頁的文件中，所有的基本資訊都被記錄下來，這也是為了編目建檔。

最後，傑夫綁一條橙色標帶在樹上，作為標記。我知道這麼做的目的純然僅是功能性的，不過，在我們辛苦折騰這麼久之後，總是忍不住想要慶賀一番的念頭，即使只是在樹幹上綁上這樣一條明亮的緞帶也好。隨著初春冒出來的新葉再加上樹枝的妝點，這樣一點歡樂的裝飾，似乎宣告著蝙蝠建造家園的時刻，慶賀著我們的小小發現。

有幾分鐘，我們就只是靜靜地站在那裡，再次聆聽那些遙遠的音節。這棵刺槐離羅森戴爾的洞穴約有四十八公里遠。計劃書的概述中提到蝙蝠為了尋找棲所，可以飛越六百四十幾公里的路，雖然大多數的旅行距離都不超過八十公里。我為這批蝙蝠感到高興，牠們沒有跋涉很遠，就找到這個安全的棲息地。我問傑夫為什麼牠們會選擇這麼接近山稜線的地方築巢。「老實說，我也不知道為什麼，」他說：「也許是因為這棵樹裡有個樹洞，……也許之前牠們就誕生在這裡。」蝙蝠的壽命可長達三十年。誰也說不準為何這棵靠近山稜線的老刺槐具有如此魅力。

隨後，我們徒步下山。雖然只是五月初，在我家草坪和樹林交界的那個區域，黑莓的樹籬已經非常茂盛，我們不得不砍出一條通道。突然之間，我理解到，在我們自己栽培的草地和花園與山上那片難以預測的棲地之間，存在有這樣一道分隔是有意義的。在中國民間傳說中，蝙蝠代表「五福」：壽、富、貴、安樂、子孫眾多。雖然我不自詡有這些多餘的福份，但是發現山頂的這棵老刺槐現在成了一批蝙蝠群集育幼的處所，還是為我帶來某種希望。這比找到一心期待的東西更讓人心滿意足，從這棵樹中傳出來的低音共鳴，具有莫名的撫慰效果，能夠安定人心，也許只是因為這首模糊低鳴的交響曲訴說著，所有人在周圍的條件和環境發生轉變時，都得另覓家園，尋找一棲身之處的故事。

這時才下午五點左右，離蝙蝠飛出、開始夜生活還有幾小時，但傑夫得往北前去他家人住的地方，所以他把蝙蝠離去的計數工作留給隔天過來的工作人員，以便計算黃昏時離開群居地的確切蝙蝠數量。不過，要找到這棵做好標記的樹，與其跟隨傑夫和我的路線，從我家後面的樹籬切上去，還不如直接從山頂開始，下切幾百公尺要容易許多。所以，現在他需要向地主要求穿越他們樹林的許可。

在我們搭車之前，他想把上山路途中偶然發現的鹿角送給我。他發現的當下，鹿角是在一棵小橡樹下的落葉處，應當是年初時年輕的雄鹿在此摩擦而脫落下來的。當時我完全沒注意到，但鹿角沒有逃過傑夫的眼睛，他把它撿起來，放在外套口袋裡，當作是這場午後探險的紀念品。現在，他想把它留給我，我想他這麼做一方面是基於本能，他想要讓它留在靠近它原本的環境中，另一方面是，待在樹林裡一個下午總是會激發出一個人與生俱來的慷慨。幾個小時前，我才和傑夫萍水相逢，但我隱隱約約覺得，他想把鹿角給我是一種自然而然的衝動。當我問他是否可以一起上山時，他絲毫沒有猶豫，他似乎是那種願意和他人分享一切他所知道的人。一片豐碩慷慨的大地會讓人產生同樣的心態，我無法說服傑夫把這支帶有光澤、略為彎曲的白色鹿角留在身邊。生態心理學家認為，現代生活特有的焦慮和壓力往往來自於與自然界的關係失衡，他們的研究領域是心靈與自然、人類感知與環境之間的聯結。現在，我回想那個時刻，不禁覺得這就是嘗試平衡的一個例子。

我們把車開到山頂，然後繞到小路上，直到找到剛剛在樹林間看到的那棟搭建在山稜線上的紅色小屋。沒人在家，但隔壁的鄰居在他們的露台上。他們的草坪，最近才播種，正在冒芽。他們得知這裡有蝙蝠棲息非常高興。現在這裡的樹，還是一片光禿禿的，讓我們得以一覽整個山谷的廣闊景色。這位男士告訴我們，他來自楊克斯區，他的妻子則是從皇后區來的。幾年前，他們才剛搬過來，從建商那裡買下這棟成屋。「這房子唯一的缺點就是那兩扇窗，開錯了位置，」他這樣告訴我們，指著房子南側的兩個窗口，但西邊才具有俯視山谷的寬廣視野。不過他指了指流經一旁樹林中的溪流，並告訴我們，他晚上躺在床上聽著潺潺流水的情景。「我喜歡它的聲音，」他說。

他的妻子指了指那些遭到猛烈撞擊的庭院家具，他們猜測是熊弄的，有時候他們覺得聽到熊穿越樹林的碰撞聲。「不然，還有可能是什麼呢？」她這樣問道。接著，她問傑夫，若是要放置蝙蝠屋甚或是紫崖燕（purple martins）的巢屋，要放在哪裡比較好。傑夫告訴他們，鳥類偏好棲息在邊緣處，或是森林與田野的交會，或是沼澤地緊臨松樹之處。而在他們的這塊地上，應當是在他們所開墾的耕地和茂密的山坡間，就在他們家和我家的交會處。現在是黃昏時分，我往這片樹林的另一側，也就是我家的方向看下去，不覺想到，人類是否和鳥類基於類似的衝動，最後也都選在這些邊緣處落腳。更讓我感到不可思議的是，這樣的邊界現在竟然變得如此模糊，難以區辨，也不僅揣測我們還能在這樣的邊緣棲息地中棲身多久。

幾個月後，我才知道，蝙蝠還佔據了另一處邊緣。那年冬天稍早的時候，野生動物學家發現這群蝙蝠群的新威脅。在紐約州北部有位探勘者發現蝙蝠竟然在冬季的白天出沒，就在洞穴的外面，但飛行狀況很不穩定。後續的研究發現，成群的蝙蝠垂死地躺在洞穴內外，牠們鼻子外長有一圈白色真菌，可見牠們染病了，有人將此描寫成是一張令人毛骨悚然的即興死亡面具。遭受真菌感染的蝙蝠，體脂肪含量減少，讓牠們無法度過寒冬，活活被餓死。瘦弱的雌蝙蝠會出現荷爾蒙分泌失調的狀況，無法生殖。二〇〇七年的研究顯示，感染這種真菌的蝙蝠很容易從休眠狀態中驚醒，而且清醒時間變得更長。醒來後，新陳代謝率增加，這讓牠們快速燃燒脂肪，接下來牠們要不活活餓死，不然就得飛出洞穴外尋找食物，但結果往往不是被凍死，就是遭到掠食者捕食。

目前對這種疾病所知不多，只能確定它很容易在蝙蝠族群中傳播。這種真菌生長在寒冷的氣溫中，而且可以在成群擠在一起冬眠的印第安納蝙蝠中迅速傳播。估計顯示，現在它已重創美國東北部的蝙蝠族群，據說造成五百五十萬以上的死傷。雖然目前還不知道該如何處理這種疾病，第一步驟是關閉蝙蝠冬眠的洞穴，禁止公眾進入，現在有十一個州的蝙蝠冬眠洞穴是空的。這份二〇〇七年的緊急研究開始分析出現在美國東北部的蝙蝠族群，還要瞭解牠們的夏季棲息地，以尋找確保物種安全的方式。這樣一個蝙蝠族群模式和遷徙的研究，最後可能演變成對其滅絕原因的探討。

在接下來的幾個星期，我不時上山回去看這群蝙蝠。育幼群的蝙蝠數量介於幾十到幾百隻，當我在電話中和阿爾・希克斯談起時，他告訴我，之前的工作人員統計出約有六十隻蝙蝠棲息在那棵刺槐中。我提供給他們的任何計數都有助於確定這個育幼群的數量變化。但在每次上山的路上，我很少看到這些蝙蝠。樹冠已經長滿了，要是林子裡出現北美紅雀、鶇和鵐的鳴叫，就更難聽見蝙蝠的細語。我知道牠們通常會有六到八個棲息地，會以不規則的模式輪流待在這些棲息地。有時候，我會看到牠們從一棵樹飛到另一棵，但少了天線和接受器，很難確定棲所的位置，或估計出確切的數量。

事實是，我對這項計劃沒有多大用處，我自己也很無奈得承認這一點。我所能做到最好的，就是繼續看著那些還待在我視線中的蝙蝠棲居的樹木。這是一種不確定的科學，但我還是從中獲益不少。就算我無法確定蝙蝠棲息在哪棵樹中，至少我會在靠近一古老地基附近發現野生的黑莓灌叢。又或者，有一天晚上，剛好看到一顆完美的半月滑落到樹葉後面的難得景觀。總之，這就是花一小時待在樹林裡的好處，就算沒有找到你所要找的，也一定會發現什麼特別的東西，這讓我想起丹尼爾・史邁里對聚合與發散的想法。

我還記得傑夫那份精確的觀察清單，但我現在面臨的這一頁比較像是約翰・繆爾所描述的，他曾寫過：

> 寫過一次的紙，可能很容易讀，但如果在同一張紙上，一遍又一遍地以各種大小和樣式的字體來寫，很快就會變得難以辨識，儘管在所有書寫的文字中，沒有一個字詞或想法是令人困惑的無意義標記，會毀壞其內容的完美。我們閱讀這本頁數無窮的大自然之書的能力有限，時而感到困惑，時而覺得負荷太重，因為這本自然之書也是在難以衡量的時間中，經過一遍又一遍地複寫，以各種不同大小和顏色的字詞來書寫，一句復一句。在大自然中，沒有所謂的片段，因為世間萬物的每一個相對片段都是一個完整和諧的單位。這一切構成一大本世界的複寫本。[1]

我自己所做的筆記，可能介於傑夫有效率的數據表和繆爾對自然無窮盡的長篇描寫間或穿插夾雜的注釋之間，凸顯出我還沒有這樣敏銳的觀察力，這需要一種我還不具備的觀察能力和聆聽習慣。即便我知道我所要尋找的是什麼，我的警覺性還是反覆無常，毫無規律可言，這讓我想起小時候母親有時會和我以及妹妹一起玩的遊戲。我們會呼朋引伴找來一群朋友，她會在一個黑色的盤子上，擺放許多物件，也許是一只手鐲、一個茶杯、一把扇子、一支牙刷、一枚硬幣、一片餅乾、一片樹葉、一盤菜、一把尺，基本上就是一個隨機組合，這些東西有可能是托盤上的常見事物，也有可能不是。她會給我們十到十五秒鐘的時間觀察這些東西，並將它們牢記起來。然後，在拿走托盤後，要求我們列出清單，寫下剛剛看到的東西，我可能會寫下「手鐲」、「扇子」或是「葉子」，但我所記得的物品通常不到四分之三。

如今，在樹林裡散步一陣子後，我經常發現自己試著喚起記憶中的那張黑色托盤，以改正人類總是不認真看待前一刻才出現在眼前的事物，這樣能力還真是驚人啊。這提醒了我，許多人類經驗都和我們所見以及所記得的有關。當然，我也有可能和很多人一樣，罹患所謂的「疏忽性失明」(inattention blindness)，這是由認知心理學家創造的一個術語，用來描述因為新科技的引進而出現的健忘現象。由於我們專注在自己的智慧型手機、簡訊和下載的音樂上，我們可能對自己周遭發生的事情不聞不問，甚至可能會走下人行道，迎面走上汽車和公車專用道。但我懷疑，這樣的視而不見不必然是我們手機裡的ＡＰＰ造成的，而是隨時隨地就輕易地發生在我們每個人身上。人類在本質上，只看自己想要看到的，以及期望看到的；我們的感官自行制定出一套歧視制度，我們的視覺不斷受到希望、恐懼、預想、期待或是特定時刻的各類情緒所遮蔽。手機可能會分散我的注意力，但我本來就很容易就恍神。動物則沒有這樣的「疏忽性失明」的情況；牠們對位置的感知不會受到動搖，牠們的生存本能讓牠們能夠注意到周圍發生的事情。

在林子裡，還居住著黑熊和短尾貓，晚上，有時候我甚至可以聽到郊狼的叫聲。在這裡，蓬勃繁殖的鹿和火雞讓牠們的存在明顯可見、受人注意，但現在又多了蝙蝠要納入考量。牠們可能是我未來最關心的對象，身為一名臨時託管人，我接受自己可能永遠無法密切觀察牠們的事實。但正因為這樣的投入，才有機會能接近這些可能永遠看不到、摸不著或是掌握不住的現象。也許在搜尋的過程中，原本搜尋的特質發生了改變。我原本以為是要找一隻暗灰栗色的蝙蝠，腹面呈肉桂色，長有纖細的後腳，但沒想到，最後找到的是劃破夏日夜晚的聲響，是懸掛在樹梢的某個身影，是認知到即便在最脆弱的系統中都能夠有避風港的想法。

在思考我們這樣一個小社區要如何支持周遭各式各樣的物種遷移時，我明白，現在不僅是要關心撞毀庭院草坪上家具的熊，或是到獸穴外遊蕩的郊狼，還要顧及到這群把垂死的黑刺槐當作棲身之所的蝙蝠。雖然我們常常會忽略，但這些才是通往長久之道的細微操作過程。我們身邊的事物瞬息萬變，若在我們的觀察當中，能夠發現任何大自然的恩賜或是知識，最有可能的恩賜是我們學會榮耀那些我們還沒有察覺以及未知的事物，並尊重那些我們還沒愛上的事物。

CHAPTER 3
河上的雜草
Weeds on the River

我們現在所認識的菱角是所謂的「引進種」(introduced species)，但在這樣一個七月的早晨，在哈德遜河上一處靜謐的河道中，這樣的用字在我看來顯得格外怪異。我一直認為「引進」(introduction)這個用語帶有某種禮貌性交流的意味，是某種互惠的禮貌性協議。不過，在保育生物學的語言中，這個詞是指在有意無意間，將非原生生物帶到一個新地方，而且往往會對當地原生的動植物造成不良影響。在河上，很明顯，感受不到任何形式的禮貌互動，恰恰與此相反，菱角就這樣冒出水面，一如過往的每個夏季，其葉子在水面上聚集成團，阻擋陽光進入水中，進而降低河水的含氧量，抑制光合作用的進行，使得水面下難有水生生物生存。

愛默生認為，雜草是一種我們還不認識其優點的植物，但在這個我們和自然界的交易似乎出錯的時代，菱角(*Trapa natans*)的例子恰恰駁斥了愛默生的想法。在過去，由於其食用價值並可入藥，因此在十九世紀末期引進美國，當作是一種外來園藝植物。但如今，它卻成了扼殺河流生命的水生植物，其種子可以沾附到飛禽走獸的羽毛和皮毛上，也會沾黏在船隻和汽車上頭，以勢不可擋的速度迅速佈滿整個美國東北部的水道。也就是說，它的散播，就跟我們遭遇到的絕大多數麻煩一樣，都是毫不留情地大肆攻佔，不分時間地點。

然而，當你仔細觀看這植物時，誰會想到它竟會做出這樣惡形惡狀的事？誰會想到這樣隨處漂流的植物會落地生根？確實，菱角的各部位都有其獨到的配置，我們只能推測它們是專為某些特定目的而出現的，雖然確切的原因很難猜測。其葉叢是由柔軟的三角葉構成的，就這樣浮在水面上，帶刺的黑色莢果則能夠使其錨定在河床上；這部位通常稱之為「魔鬼頭」，因其有尖銳的突起，要是不慎踩到，會非常刺痛。顯然，這是一個具有雙面生活的植物，一部分在水上，一部分在水下。既隱藏又暴露，有些埋沒起來，有些張揚在外，這樣一份天生的美好與殘酷，僅是靠一根脆弱的莖以及帶著水嫩的褐色跟粉紅的柔軟似羽的葉片維繫著。這植物還有其他的名稱，如「死亡之花」、「水玫瑰」和「水蒺藜」，最後這個名號來自於其外形，因其類似於在戰爭中用來刺穿馬蹄的金屬刺角。

現在，它們的遞嬗演變隨著季節更迭，出現又消失。它們自有一套節奏，有其獨到的次序，依循一定的時間、地點和周圍空氣和水的條件而變動。根據《年鑑》的記載，菱角最理想的生長環境是在水流緩慢而且河水較淺的地方，而哈德遜河的這一段，剛好就在一方土地之上，似乎是培養這些植物的一潭好水。約莫是在五月下旬到六月中旬的某個時段，菱角開始發芽。等到夏天時，鹽度較高的河水會從大西洋那裡往上游移動，這些鹽分會剷除掉這種植物，到九月份時，葉子和根莖全都會分解腐爛掉。屆時，這些尖銳的魔鬼頭就成了它種子的外殼，在冬季時落在河床的泥地裡，等到隔年夏天再發芽。

當我在六月初順流而下時，完全沒有看到菱角的身影。但那時是傍晚，潮水較高，而且夏季太陽照射的角度，讓這條河似乎失去色彩，看上去就像是一條閃閃發光的寬廣光帶。河的這一段沒有沙灘，但是當我攀過岩石，把腳放進水裡時，我看到的是渾濁的棕色河水。哈德遜河的水很少有清澈的時候，主要是因為沉積物、土壤沖蝕、浮游生物、鹽度和有機物分解增加河水的濁度所致。菱角以其獨到的技藝藏身，只有在退潮時才為人所見，而且就我所知，它們已經佈滿整個費許基爾溪(Fishkill Creek)的溪面，就在這裡的正南方。今年夏天，我們注定擺脫不了菱角，想都不用想。

此外，儘管它們可能具有入侵性，但看到菱角的感覺，其實是五味雜陳、難以言喻。有位海洋生態學家告訴我，她將菱角當成是礦坑中的金絲雀。她認為，菱角每年出現是對其自身延續的確保，要是菱角突然消失，可能意味著有更糟的事情發生了，背後的災情可能遠超過它們現在所造成的。她的話讓我想起近來對環境災難指標的修訂，以及種種以不同的方式出現的災難和錯誤。菱角的出現為這條河的水生生物帶來困擾；但若是菱角消失，可能預示著更大災難的到來。這讓我想到，在面對災難時，我們已經進入一種新的異常狀態，必須在問題還沒發生時，考慮事情可能會怎麼出錯。

果然，在一週半之後，我看到菱角浮出水面，放射般地盛開者，在水與空氣的交界處，恣意伸展。在菱角出現後的一個星期左右，尚未完全佈滿整個河面，我依稀記得去年的場景，在混濁的河面上，一叢叢的零散分布著，而不是連續的一大片。但在幾天的時間內，它們越來越多，而且還繼續冒出來，在接下來的幾週內，繼續填滿河面，看著這一切，不免讓人懷疑，這植物是否正在奮力創造一個屬於自己的棲息地，在河的邊緣打造如繁星聚集的城市。六月下旬進入產卵季，可以看到鯉魚在水面上跳躍，製造出一道道閃爍的弧形光芒，進出河面。鯉魚能夠容忍溶氧量偏低的河水，是繼大型無脊椎動物之後，能夠在菱角棲地，或是河底沉積物中蓬勃發展的魚類。初生的小鯉魚也可以利用菱角床，作為牠們的庇護所，抵禦海浪、海流以及大口鱸魚和條紋狼鱸等掠食者的攻擊。

顯然，這裡還是有某些生命形式繼續下去。在其他地方，大藍鷺會在一大片菱角生長覆蓋的地區覓食。而且，在當地保育組織「哈德遜尼亞」(Hudsonia)的報告中，提到大藍細蟌成蟲、沼澤瓢蟲、睡蓮金花蟲、狼蛛和水蚤等，強調「菱角群落必定是中小型掠食動物大快朵頤的餐廳，牠們能夠適應此處密集的水草床、水和軟泥等環境。」[1]當然，我們應該要記得，在這個時代，災難也可以轉變成一個讓自身存在安心的棲所，而且不論在河上或河岸，危險狀態久了之後反而會開始讓人有熟悉感，有時甚至讓人覺得舒適，打造出自成一格、自我持續的小型生態系。

到七月初，菱角叢變得濃密，一開始平鋪在整個水面，幾乎呈半透明薄膜狀的葉片。現在已經變為一層難以穿透的厚地毯。從中游來的滔滔河水將此處清空，這段寧靜的水道成了可游泳的地方，但若真是要讓人游泳，需要先清除一些這裡的植物。這份工作自有其迷人之處：在炎熱的夏天，涼爽的河水對每個人來說都很具吸引力。但對我們而言，河不僅是休憩的象徵，也是流經我們情緒景觀的重要動脈。在這個我們與自然界之間的關聯顯得特別疏離的時代，前去清除河裡叢生野草，可能也反應出我們對秩序感的集體需求。所有這一切，正是我的朋友南西和我前來這裡清除河中雜草的原因。

這天的氣溫將近有三十度，水溫其實只比氣溫低了五、六度，在這樣艷陽高照的七月天，泡在水中也不算是特別涼爽。這是一條夏天的河流，也就是說，河水微溫，但越往深處，水溫越低。哈德遜河下游是個河口，跟大西洋相連，水流會受到潮汐影響，此處的河水保持一定的微鹹狀態。今天的乾潮是在上午十一點十九分，我們必須提早一小時前到達，這樣我們才能夠在水變深的地方站穩腳步。此處的水深及腰，有些地方甚至高達胸際。菱角的莖可長達數英尺。南西教我除草的訣竅，把手伸入水中抓住莖後，要先把它繞在手腕上，再使勁拉出來，這樣才能抓得緊，才可能將一整株連根拔起。我們用這種方式，填滿了一整個水桶，然後穿過河水，到達岸邊，將菱角丟在潮汐線之上，讓它們在那裡分解腐爛。然後我們又回到河中，重複整個過程。

南西說起話來語調平和，但是帶有一份權威。她來這裡除草已經很多年了。「有些事情我只做一陣子，」她解釋道：「也許只有兩、三年。但是，我每年夏天都會回來這裡除草。這是必須不斷重複進行的。繼續回來除草帶給我一種平和感。」南西在二〇〇一年的九一一事件後成了寡婦。她的丈夫，朱彼得．亞本（Jupiter Yambem）當時在「Windows on the World」餐廳擔任宴會經理，在那個陽光璀璨的九月早晨前不久，他才請調到早班，以便能夠在下午和晚上多陪陪南西和他們五歲大的兒子。

他們夫妻倆經常到河邊，並定期協助清除雜草的活動。

從事件發生後的這些年來，她再婚、搬家、將兒子拉拔到十幾歲，男孩的興趣從滑板、吉他一直到公民行動。她做過的志工活動有提供救世軍午餐、在主日學校講課，以及帶領喪親人士。但夏季除草的工作，是她年復一年回來做的。有時，好比說今天這個清晨的活動，是在幾週前就已經規劃好的。其他時候，若是天氣特別熱、或是鹽鋒（也就是海水的前沿）提前到來，我們這些志工會突然接到電話，要大家趕快回來幫忙拉出垂死的植物。各種情況都會有。「生命有時候就是這樣對你，」她講到世間萬物任意而為的特質。「你只知道你得要再做一遍。不過，光是待在河裡，分享這一些，或是想到這麼做，也許能夠幫助其他人走近河邊，就覺得很值得，而且還會有一份隨之而來的平和感。有時候，除草活動是很臨時的，但一次接一次，在不同程度上，週而復始，就像那些野草一樣。」

在河裡除草是一種能夠輕易結合娛樂和工作的活動；這可算是一種園藝活動，既有使命感，也參雜著倦怠感。時不時，我會看到鰻苗游過，一隻年幼的美洲鰻，繞著植物的莖條，活像是植物長出的奇怪附根。雖然這裡的魚類多樣性比這條河其他地方的要低許多，但還是有鰻魚能承受菱角床造成的低氧環境，同時還可以捕食河床上各種無脊椎動物。儘管鰻魚匆匆游過，其他一切似乎保持自己的步調，就跟其他在水中完成的事情一樣，除草這件事也得慢慢來，這些草彷彿隨著周圍的水體運動著。莖可以輕輕地拉出；它們只是淺淺地附著在河床上，拔起時幾乎感覺不到絲毫的抵抗力。然而，這些枝葉還是有那麼一點的彈性，其水嫩的粉紅色卷鬚彷彿是以彈性細線編織而成的。帶著幾分舒展，這些闖入者似乎能夠在此立足，雖然沒有多大的信心。而河床的淤泥也具有這樣的彈性，我們每踏出一步，就下沉一些。也許這就是為什麼我深受河中水世界吸引的緣故：在這裡，沒有一樣事物會長久不變；一切都在轉移、漂流並且溫柔地遞嬗交替。

我們除草的配備很原始。一旦我們將菱角拔起來，就把它們放到小的灰色水桶中。桶子上戳有一個個硬幣大小的圓孔，以便排水。水桶外圍以亮藍色的泡綿泳條起來，使其能夠漂浮在水面上，另外還接上一條銀色的大力膠帶。水桶、泡棉和膠帶，我們使用的工具，幾乎跟給孩子玩的東西沒什麼兩樣，彷彿真的是用來玩某種水上遊戲的玩意。我們不灑農藥在葉子上，因為這世界上根本沒有所謂安全的農藥。我們也不靠帶有刀片的機械割草機或收割機；它們的價錢高昂，而且能夠搭載這些機具的船都十分沉重，不大可能在這樣的淺水中航行。儘管未來可能會找到生物防治方式，但目前對此尚無定論，也不確定是否可行。

不久前，我讀到一篇關於中國青島的報導，那個城市的海岸因為大量綠藻滋生所形成的藻華，讓海洋生物變得難以生息，官方對此的說法是因為天氣溫暖再加上雨量劇增，但更有可能的原因是排放家庭污水、工業廢水和農業廢水，造成海水中營養鹽過多所致。拍攝的那些照片，與其說是反應景觀的變動，倒不如說是側寫了水生植物在那裡舉行的一場怪誕的盛宴；原本應當清淨的水面，成了一團黃綠色、毛茸茸的植物恣意揮灑生命力的地方。由於那時這座城市即將要舉辦夏季奧運的帆船賽，數千名城市居民自告奮勇（或者是接受指派）步行或搭小木船進入黃海，徒手舀出綠藻。

我不禁想，為何在面對這些入侵物種時，人類的應對方式竟是如此簡陋，不論是我們的小灰桶，還是他們的小木船；何以人類的聰明才智，到了我們得清理自己造成的殘局時，就通常不怎麼管用，就像我們現在做的，在前去收集這些雜草時，除了徒手之外，不會動用到什麼其他配備。當然，我們這個上午所從事的活動正符合所謂的「公民行動者」（citizen activist），但卡在我心頭的，還是「意外的守護者」這個詞：我們的作為以及所用的工具，看起來都是很即興，而且往往是基於必要性。

皮特．西格（Pete Seeger）說，世界慢慢改變，一次僅有一小茶匙，在這個陽光閃耀的七月上午的河面上，更貼切的說法是，世界慢慢不同，從一次改變一片葉子、一根莖桿和一顆種子開始。

儘管河水混濁，但現在正值乾潮，很容易看到河底。我們所在的這一沙嘴，過去是城鎮的垃圾掩埋場，我之前曾看過這樣的照片，當中有一縷煙從現在已變成草地的上方飄過。但河床中仍有見證那個時代的證據：玻璃碎片、罐頭和工具的殘渣、金屬碎片、塑膠舊玩具的殘骸，我很慶幸有穿上溯溪鞋。南西發現了一個飛鏢盤，這看起來年代不太久遠，但再也不可能被任何人瞄準。我一直認為，河流是一處水流動的地方，是具有流動感和速度的，是將人從一個地方帶往另一地的動脈，具有目的和方向感。但是，這天下午，這個安靜的水道，看上去更像是一處檔案室，一具寬廣的水中檔案櫃，當中收藏有葉片、莖枝、莢果、泥巴、漂流木、碎屑、岩石，小型甲殼類動物、昆蟲以及軟體動物。事物停滯在這裡。令人驚訝的是，它們真的可以停留在這裡。紐約市米爾布魯克的卡里生態系研究所的淡水生態學家大衛．史特雷耶（David Strayer），將他大半的學術生涯都投注在哈德遜河的觀察上，他表示這條河水讓他感到既熟悉卻又充滿神秘感。「每個人都知道它是什麼樣子，」他說：「大家都知道它在哪裡。然而，我們卻不知道表面之下有些什麼，在河底有哪些生命，物質是怎麼流經河流的以及各個環節是如何協同工作，形成這樣一個生態系。」[2]現在，身處於這小小的一方土地上，有短短幾分鐘，我覺得好像撇見到這系統某些神秘的部分。

在接下來的一小時左右，我們繼續拔除雜草，這時才發現我們已然悄悄地破壞河床原本的配置，在緩慢的動作中將其重組，描繪出一幅和從前略有不同的水生靜物圖。一隻鞋子重新安排在一個舊瓶的旁邊。魔鬼頭被從河中淤泥裡連根拔除，閃亮的葉子起了變化。我體悟到，在河中清理雜草，不失為一種爬梳自己夢想的方式。

我不知道移除這樣局部的雜草是否真能造成什麼差異，是否可以逐步緩解這問題。畢竟，有時候我們所能要求的，就只是部分的恢復，是否能淡化、疏理或是減輕這樣一種巨大的麻煩？又或者說，以實際的觀點來看，是否得完全將其剷除殆盡？但在菱角耗盡河中氧氣的這個例子中（也許其他事情也是如此），正是這樣毫無根據的臆測，更容易讓人投身其中，讓你願意花一整個早上的時間，在河中進進出出，忙裡忙外。我唯一開始理解到的是，將我引領到這裡的，是一個機會，一個在我們沉重和混亂的生活中，能夠重新理出頭緒的機會。也許是拔除像河水一般流動的東西，讓我們覺得有能力賦予生活中那些發展太快、變化太多以及過於透明令我們習焉不察的事物某種秩序。又或者，正如南西所言：「這為人帶來一種完整感，即使這工作永遠沒有完成的一天。」

總之，我們繼續拔除莖條，拔了一陣子之後，那整片菱角叢呈現的形態重組了，菱角葉叢之間的空間改變了。我想起了藝術家約翰．麥克昆恩（John McQueen）的作品，他用的材料通常都是那些在自然界中發現的，像是垂柳的枝條、枯枝和雜草。不過，有時候他也會在大自然當中以及在樹木的枝條和樹葉間找到英文字母，結果往往拍攝出一個A或H或是M，這是一整個由細枝和粗枝的弧狀構造和彎曲造型所即興排列出來的系統。他在自然界搜尋這些字母的舉動讓我想到大家看待大自然的方式：我們都在當中尋找意義。就跟孩子會在雲的造型中看出一條魚、一座城堡，有時甚至是整片大陸，他們在當中看到他們認識的一些東西，或者是他們想知道的東西，同樣地，我們似乎也在大自然中追尋可以辨認出來的東西，某種亂中有序的書法造型。

正如我們可以從中發現意義，我們也可漠視當中的一切，毫無所感。美感有時難以捉摸，麥克昆恩的林地英文字母不禁讓我想起一九六三年的那部電影《瘋狂世界》(*It's a Mad, Mad, Mad, Mad World*)，在當中，藏有現金的寶庫是藏在一個大W之下，那是一個以棕櫚樹樹幹上彎曲的枝條所組成的一大片構造。在我心中仍然有確信那個大W就是至今環境藝術所生成的巨型作品。當然，這當中所傳達的訊息，就跟羅伯特・史密森(Robert Smithson)或邁克爾・海澤(Michael Heizer)的大地藝術中的任何一件作品相呼應。在電影中，歡鬧隨之而來的是巴蒂・哈克特(Buddy Hackett)、米爾頓・伯利(Milton Berle)，和其他各式各樣的瘋狂的人物不斷在棕櫚樹叢中尋找。他們鑽入樹叢，前前後後的找尋，就是沒有看到在他們頭上搖曳的那個十分張揚的字母。看這部電影的時候我才十歲，雖然當時我可能沒有意識到，但如今回想起來，就是它讓我明白，喜劇有時候僅是來自於我們對明擺在眼前事物的全然漠視；而笑聲有時會讓我們流淚。就在南西和我繼續重塑這些葉子的輪廓，重新審視它們之間的空間之際，我很驚訝地再次注意到，當我們培養自己能在自然界尋找某種事物的邏輯時，也同時養成一種對大自然視而不見、無動於衷的心態。

我從來就不是個擅長園藝工作的人，對植物僅抱持尊重，當然，對園子裡的一切回報都滿懷感謝之心，不論是四月時滿盆的黃水仙，還是八月時一碗碗的新鮮藍莓。但我知道經營一座花園所需的時間、耐心或是必要知識，全都超出我的能力範圍。每年春天，將雜草從花床中拔除確實能我帶來快樂和成就感。拔出蔓延在芍藥及鳶尾花上的楓樹芽、蒲公英的根或是毒麥，則回應我內心深處想要的那份正確感。拉出一簇馬唐，擊退這些闖入者；將荊棘連根拔起的動作，多少帶來一點恢復秩序的感覺。

在河中的這條水道除草跟園藝工作異曲同工，只是其規模更大，更難以捉摸。然後我突然想到，我們這樣的作為正好是「引進」(introduction)的對立面，於是我開始沉思如何描繪這一境況。我發現，我可能要窮盡我整個語言庫，才有可能找到不那麼強烈的、與「脫離」(disengagement)相關的字眼，用以描述我們和居住環境中的某些事物變得彼此陌生，形同陌路，絕無相識機緣的境況，無論是在樹木枝芽上、水面的落葉間，還是其他任何地方。當然，這是形勢所趨。我知道，若是我真的發現這個詞，那也會在它浮現在我腦中的片刻就消失殆盡，如同浮雲或落葉轉瞬而逝的造型。無論如何，那時我手上僅有的，只是藍色泳條、灰色水桶以及銀色大力膠帶。等到上午的除草時間結束，潮水再起時，我體認到，在這條河中除草，很可能是我最貼近那個字眼的時刻。

CHAPTER

4

春天的池塘

Pools in the Spring

看天池（vernal pools）來來去去，出現之後又消失，這樣的一種自然景觀，其特性不僅在於物理性質，也有其獨特的時間性，通常僅維持幾週到幾個月的時間。隨著冬去春來，濕地被不流動的水淺淺地覆蓋，維持的時間長短不一，這些濕地一般都很小，面積不超過兩畝，沒有和其他水體相連。看天池是接收融化的雪水和春雨而成，經常完全為人類所忽略。這可能就是安、喬伊絲、雷和我在那個四月的下午陷入困惑的原因。當時我們在紐約紅鉤鎮（Red Hook）的法拉萊夫山玫瑰農場（Fraleigh Hill Rose Farm）的一片草地上，試圖以眼睛和耳朵來尋找看天池存在的一些證據，儘管空拍圖中有顯示出其位置，但在現場卻完全看不出它存在的跡象。

儘管看天池難以辨認標記，但它對大地的影響卻相當明顯。這些池子所接收的水不是來自於流動的河流，因此當中不會有魚類棲身，這一點反而讓池子成了兩棲動物安全的繁殖場。不論是斑點鈍口螈以及北美林蛙這類相對常見的和分布廣泛的物種，還是稀有且受威脅的傑佛遜鈍口螈和雲斑鈍口螈。這當中的一切都是讓這個生態網絡正常運作的一個環節，也全都因為濕地面積縮減而造成這些生物的族群量日益下滑。兩棲類會捕食大量的昆蟲，控制昆蟲族群的數量，這對人類健康有直接的影響：少了看天池，兩棲類就沒有繁衍的場地；沒有繁衍的場地，就沒有兩棲動物；沒有兩棲類，我們就等於失去控制昆蟲數量的天然防線，以及一小塊平衡自然的片段。若要說看天池和那些大型的經常性水體之間有什麼實質上的區分，那就是看天池還提供小型哺乳動物、鳥類、兩棲類和爬蟲類一個休養生息的地方。這些小型物種也是食物鏈中一個非常重要的環節，每次進行長距離跋涉時，牠們都有可能落入大型森林動物的口中。

看天池不僅是動物的棲身之所，同時也擔負比其他水體更為基本的功能：潔淨。看天池土壤中的細菌有助於將水中的硝酸鹽轉化成氮氣，這些鹽類來自於一般用於草地的肥料，細菌將其轉化成氮氣，釋放到大氣中，減少對環境的危害。這批去硝化細菌（denitrifying bacteria）讓看天池成了當地含水層的小型淨水廠，能夠在融雪、雨水和充滿污染物的洪水進入地下水層之前，加以過濾和淨化。看天池是高效的小型天然濾水中心，要是它們遭到破壞或完全消失，結果可能導致泛濫、供水減少、水源受到污染以及野生動物的棲息地喪失或減少。看天池的存在與否、面積大小還有池中的生物都會影響到其在大自然中的功能，有些看天池依舊是良好的棲地，有些則日趨勢微，不再擔負相同的功能。在評估這些看天池的出現、面積和池中生物時，不免讓人反思，何以深度這麼淺、依季節來來去去又難以捉摸的自然景觀，竟然具有這樣的關鍵作用。

然而，地方政府很少有經費聘請環境顧問來進行這樣的狀態評估。大型濕地向來是基於聯邦法規來管理，看天池則是由地方政府和區域規劃部門來負責，但他們往往對看天池的存在和狀態一無所知。在紐約州，只有面積超過十二點四英畝（約五萬平方公尺）的濕地，而且當中棲息的生物在州政府制定的瀕危或受脅物種名單上，或是位於阿迪朗達克州立公園（Adirondack State Park）內，才會受到法規的保護。佔地小又是臨時存在的看天池基本上大多不受法律規範保護，相關的管理規範，就如同其自身一樣，虛無飄渺、毫無防備可言。

為了解決這個問題，麥克．克萊門斯（Michael W. Klemens）和一九九七年成立的大都會保育聯盟（Metropolitan Conservation Alliance）、達奇斯郡的康乃爾合作推廣組織（Cornell Cooperative Extension of Dutchess County）以及卡里生態系研究所（Cary Institute of Ecosystem Studies）聯合起來推動一項計劃，監測達奇斯郡的看天池。身兼兩棲爬蟲類學家又是研究和政策保育學者，克萊門斯在推動這項工作時所抱持的信念很簡單，他要與當地社群聯手合作，傳播科學研究和知識，透過這樣的途徑，制定出土地利用規劃政策。第一次和他接觸，是透過電話聯絡的，他形容自己「對揭發真相這檔事有興趣，」他告訴我，從一九八〇年代以來，他就和種種研究計劃中的志工團體合作，「這是一種道德感召。我對促使人產生作為的動機很感興趣。這樣看來，我到底算是倫理學家、科學家還是倡導者呢？我從一名研究科學家開始，到現在成為一個視野較為寬廣的人。身為一個人，我該做什麼呢？我要如何利用我的知識來打造一個更好的世界？其他人是如何改變自己的人生方向？一直以來，我都在思考這些問題。」

克萊門斯企圖把科學研究納入地方土地使用決策，他的努力並不僅侷限於志工培訓而已，還要讓地方居民對於他們所居住的地方產生一份理所當然的歸屬感，靠著這些，再加上與地方鄰里和地主之間已經建立起的關係，都對其研究計劃的推展大有助益；這些關係通常能讓研究人員進入私人土地，進行研究調查。「將公民放在適當的位置上，可以創造出我們所需要的變化，」幾個月後，我們再次碰面時他這樣說道：「他們可以在社群中激起小小的漣漪。」

克萊門斯和他的工作人員選擇紅鉤鎮來進行看天池評估，乃是基於下列幾個原因：鎮委會表達了對調查的支持，而且有可能在進行未來的市鎮規劃時，納入這些資訊。紅鉤鎮是巴德學院（Bard College）所在地，環境運動在那裡深植人心，可提供為數不少的志工。在我們這組擔任志工協調的安，就是在巴德學院擔任開發經理和藝術教育協調員。其他的同伴還有喬伊絲・托馬塞利（Joyce Tomaselli），她過去在ＩＢＭ擔任業務發展和行銷經理，在二〇〇九年經濟衰退時丟了飯碗，她的鄰居雷・曼塞爾（Ray Mansell）也一同前來。計畫人員將紅鉤鎮分為四個象限，我們分配到的是東南區內的三個樣點。但才在第一個樣點，也就是法拉萊夫山玫瑰農場的調查站就遇到了問題。上星期過來調查的志工一直找不到此處的看天池，我們的狀況也好不到哪裡去。我們手上有一張列印出來的空拍圖，上頭以紅色剖面線標示出看天池的推測位置，沿著一處新建的蘋果園的邊緣，我們一路往南方走去，企圖尋找池子的蹤跡。但是我們只發現一團團的草叢、一大片灌木叢以及一排松樹。

不過，現在沒有一樣東西看似適得其所、符合常規的。二〇一〇年春天，哈德遜河谷充滿不可預知的事態，在這個月初才創下三十幾度的高溫，但沒過多久，氣溫又再度下滑，在這個月剩餘的最後幾天，清晨的氣溫降至零度以下，然而午後又會有一個多小時的時間，讓人覺得像是八月天。今天已經下過雨，早些時候還挺涼爽的，但當我們四個人在「聚寶盆折扣飲料穀倉」（Cornucopia Discount Beverage Barn）的停車場碰面時，溫度在二十一度左右，感覺就像是一個夏日的午後。由於四月第一個星期的異常高溫，蘋果樹和桃樹提早開花，葉子比往年早兩個星期發芽。

雷發現一隻狐狸從灌木叢中掠過。我們試圖聆聽木蛙的鳴聲，但什麼蛙鳴也沒聽到。喬伊絲問雷是否有看到羊肚菌（morel）的身影。毒藤這時節才剛冒出來。她告訴我們，這兩者通常都是在同一時間出現。喬伊絲是我們當中能夠透過連結不同跡象來判定自然界動向的人，她精通物候學。就跟所有對自然史感興趣的人一樣，她知道當一件事發生時，另一件事也會跟著發生，而春天，正是這些事態的同時性變得最為明顯的時節。我們繼續往前走，經過果園，進入一叢才剛剛冒出葉子的藍莓灌木叢。過了一會兒，突然有翅膀拍打的聲響。「是加拿大雁，」喬伊絲兀自說道：「在牠的名字中是名詞Canada，不是形容詞Canadian喔！」她對鑑別物種的用字特別精確，這樣的特點讓她能夠勝任我們手上的任務。

五十幾歲的喬伊絲，在IBM服務了三十年，她待人處事的親和力呼應著她的信心和風度；她既能夠坦率地談論她在IBM的成功，也能夠坦承在經濟衰退的大環境中對未來職業生涯的焦慮。現在，她全力投身志工服務，能夠毫不費力地將她對全球市場工作的熱情轉移到地方機構的志工活動上。「現在，對失業的人來說，是個非常有趣的時刻，」她後來在我們碰面喝咖啡時這樣告訴我：「一方面，地方上有這樣的需求，另方面有可以提供幫助的人才庫。」

喬伊絲的舊名片上，詳列她所統整的專業領域：解決方案業務發展；行銷策略、計劃和實施；內容創建和執行；啟動、進入市場和渠道支持；熱情、知識領袖和合作夥伴。這些關乎能力和工作技能的語彙用字，似乎完全在樹林之外的地方才派得上用場，但顯然她將同樣的精力和一絲不苟的態度帶到水池和林地之間。喬伊絲可說是這一代正在加入志工群的美國人代表，他們有意願，也有這樣的彈性身段，能將一個領域所開發出來的知識和技能轉移到另一種生活型態中。正如她所言：「我喜歡學習，而且我知道我學得很好。我盡量做到有條不紊、一絲不苟，提供有效且架構良好的組織、有據可查而且標示清楚的資料。我會在截止期限前完成工作。我覺得有義務以相同的核心價值觀來從事志工工作。」她確實將這些原則投入在志工活動上，聽她描述其合作夥伴，聽起來他們也有一樣的價值觀。「這些科學家可能不容易合作，他們並不是培養員或採集者，」她就事論事地說道：「但是他們能夠實事求是地定義好計畫，還有一套方法學，確保計畫的範圍，凸顯出志工工作的重點。」

我們繼續穿越一片長著馬唐和蒲公英的田野，還有一小叢的紫羅蘭，試圖尋找水池的蹤跡，但除了一片片的草叢和果樹外，什麼也沒發現，最後我們終於明白我們正處於人類探險史上常有的一種狀態：企圖尋找一處根本不存在的地方。調查圖上的看天池有可能是錯的。通常，用於尋找看天池的地圖是根據遙測地理資訊系統所收集的實地數據，但今年尚未檢查過這個樣點。而且就算我們所用的空拍照片是在樹木枯萎而且水位高時所拍攝的，這些圖像可能還是很模糊，或是有誤導之嫌。相機是會騙人的，在這裡，樹冠之間的陰影和落差可能讓人誤判看天池的存在，事實上，那裡什麼也沒有；同樣地，真正的看天池可能因為尺寸過小，或是遭到樹冠遮蓋，而平白錯過。

在利用衛星圖像和空拍照片的研究中，有個術語叫做「地面實況」(ground truth)，指的是實際存在，而不僅是存在於像素之中，或是根據任何其他數據資訊系統所推斷的。地面實況的意思是「在現場」(on location)，那是真實的，是你的眼睛和耳朵告訴你的，而不是透過感應器所推測而得的。任何使用遙測方式所收集的數據資料，都需要與現場收集到的資訊做比對，這一點至關重要。

而我現在開始揣想，這份對地面實況的尋求，或者是某種非常相似的東西，是否就是我們日益企求的。也許其間的差別就跟像素和筆觸之間的差異，或是臉書的個人檔案所激發的想像和在晚餐時喝下一碗湯之後所發現的事實一般，這是兩種不同類型的資訊，一種是抽象的、經過選擇與過濾的，另一種則是根深蒂固地纏繞在物理事實之間，來自第一手的觀察，以及直接經驗。在最好的狀況下，這兩個世界的資訊相互呼應，彼此支持；不過有時它們相互否定，彼此蔑視。無論是電子影像的像素，還是社群網站的片段資訊，數位世界提供給我們它的真理。然而，我們要如何因應親眼所見的景象來調整這些資訊，這是一個需要思考和想像力的過程，需要一種想法、一種智慧，可能是我們過去從未演練過的一種巧妙的協調過程。現在，在這個春日的午後，我們四個人正面臨著這樣一個地面實況：我們所尋找的地方可能根本不存在。

在五分鐘的車程後，我們到達第二個樣點。這個編號第二四九號的觀測站比較接近道路，一週前來這個看天池觀察的志工發現了斑點鈍口螈的卵塊，當時池子裡還有兩隻紅背無肺螈。我們到的時候，青蛙瞬間跳入水中。浮萍織成的花布覆蓋著整個水面。雷指著蝌蚪驚呼，但我什麼也沒瞧見，直到他借給我他的偏光太陽眼鏡，我才看見水中有幾百隻，甚至可能多達幾千隻的小黑點在那裡隨波蕩漾。

在離我們所站位置幾步之外的地方，有一團雞蛋大的卵塊，浮在水池邊緣的淺水處。這是一個水樣的球體，直徑可能有七、八公分，當中懸浮有淺綠色的卵。喬伊絲確定它是斑點鈍口螈的卵。雷輕輕地把卵團從水中撈出來，讓喬伊絲拍照。然後，他把它交給我，頓時之間我發現自己成了一個我完全不認識的東西的託管人。我們有多常感受到自己是不確定性的管理者，又要花多久的時間，我們才有機會發現自己手中捧著的是一種全然未知的東西，然而就在今年春天的下午，當我以手指組成一個籃子，捧住這個兩棲動物的卵塊時，我真的覺得自己是大自然的託管人，真的就是如此。我們按照指示記錄其顏色、形狀、大小以及單位質量卵數；我們照了彩色照片以便鑑種，我們寫下所有的描述；而且我們還知道它可能出現的位置，這些可量測的項目都能很確定地描述。但是，在這個充滿卵的果凍團中，也充滿了某種不確定性。很快地，我把它放回池中。

然後我們試圖尋找更多的卵團，沿著周圍的臭菘和冬季落下的樹枝邁步前進。喬伊絲又認出豬牙花（trout lilies）和假萎蕤（false Solomon's seal），然後是木賊，它的莖是一節一節組接起來的，還有提早開花的款冬，喊出這些植物的名稱，就某方面來說，是以一份詳列物種清單來彰顯春天的來到；至於這種喊出生物名稱的衝動，可能是一種她宣告認識或擁有它們的方式。但或許還不止這樣，正確識別某樣事物可能是認識它們在生活中大致狀態的第一步。儘管她的列表極為詳盡，但是在水中的實情是，各個物體色澤相近，交錯於同一處以致肉眼難辨。當我們沿著池邊探尋時，又發現了兩塊卵團，接著又找到第四個，此時我意識到，發現第一個卵團時，我們就已經重新調整了注意力，微調了我們的警覺心。就跟多數人類所企劃的事情一樣，在找到一丁點你所要探尋的事物之後，充滿種種可能性的大門突然之間就在面前敞開了。

至於要在渾沌不透光的水中尋找卵塊，則需要另一種不同的專注力。我心裡明白通常我不算是個可靠的目擊者，在我眼前出現的東西可能會瞬間消失在記憶中，這一點是我在幾個月前體悟到的。那時我們家遭宵小闖入，入侵者撞見我時也相當訝異，我甚至和他們簡單交談，然後看著他們坐進車裡，迅速逃離，沒有人受傷，沒有東西被偷。然而，當警方隨後詢問我時，我的記憶所剩無幾。「那是一台灰色的小車，」我告訴他們，此外盡是一些沒用的資訊。我甚至無法確定車子開出我們的車道後，是向北還是向南開去。它掛的是紐約州的車牌，但這些都不是我生活中必須要知道的。男的可能是有二十八歲，但也可能是三十八，女的穿著毛衣，褲子不是牛仔褲……我其實不太記得了。」「她身材嬌小？」「有多高？」「不知道。」我是提供不了資訊的證人。他們幾乎就要搶劫我家得逞。

四個月後，也許就是現在，當我佇足在四月午後這池暗黑的水邊，我才開始重新調整我的注意力，多少努力一下。這和遭竊後辨別哪些被拿走，哪些被留下來的方式有所不同，那是為了確認是誰參與其中。我想要知道在我周圍發生了什麼事。然而，我對「注意力」這檔事會發生的困窘非常熟悉。密切觀察的前提是選擇我們所要觀察的，以及所不觀察的；專注於一件事常常會損及到對另一件事的專注力。也許，這個矛盾之處正是我希望在這麼多次出外觀察中能保持警覺的。

看天池不會注意到私有土地的邊界，它橫跨了兩塊土地，我們已經取得其中一位地主的許可，能夠進去她的土地中尋找卵團。我們到那裡幾分鐘後，她開著她的速霸陸休旅車過來。「你們打算用這些資訊做些什麼？」她問。這問題總是不斷出現。我們當中可能沒有幾個人想要承認我們正在破壞土地的生態健康；人類天生就想要乾淨的水、茁壯的樹以及沒有遭到毒素污染的大地。然而，在心中卻同時深植著另一種慾念，驅使我們決定要在哪裡搭建我們的家園，以及用何種方式來建造，並且質疑任何可能有礙我們想法的法規。

克萊門斯和當地規劃團隊所處理的正是這種矛盾。「所有權包含兩部分：權利與責任，」當我到他位於康乃狄克州家中拜訪之後的幾個月，他這樣對我說：「我們善於定義權利，卻不知如何界定責任。而土地是公共利益界定中最有爭議的地方，不像是藝術或是歷史悠久的建築，這部分的公共權通常高於個人權利。土地產權為資產管理者帶來責任。我們必須要學會如何使用資產，以提升共同利益。」克萊門斯的家，是一棟直接利用太陽熱能的屋子，就蓋在休沙通尼克（Housatonic）和霍倫貝克（Hollenbeck）這兩條河交匯的泛濫平原上方，在我們會談之前，他先帶我前往這一區，逛了一圈。為了穩定河兩岸的土地，一直以來他持續種樹，有大果櫟、柳樹、紅花槭和銀槭，就穿插在原生的梣葉槭和椴樹之間。這片草地過去曾經是不斷淋溶出營養鹽到河裡的玉米田，如今長滿了一枝黃花、三葉草、香檸檬、紫苑和野胡蘿蔔。「在這裡，我進行分區限制還有地力保育，」他說：「我不可能做到一切我想要做的事情。所有權不僅是此時此地而已，也包含過去和對未來。」

開著速霸路休旅車的女人又再重複一次她的問題，但依舊還是沒有得到答案。

那時已是下午五點半，在這個時節，半月已經從池塘邊緣的鵝掌楸、枸樹、楓樹、白櫟木與沼生櫟之間浮現天際。我們聽到林蛙持續不輟的叫聲。並未發現蠑螈成體。

第三個訪查地點是兩個相連的池子，分別是編號三一一和三三九的兩座池塘，就位於石教堂路的兩百四十三號。我們一下車，雷就看到一隻庫氏鷹，整個下午我注意到他一直不斷叨念著關於這種鳥的事，嘟囔著這是我們此次出野外的配樂。他是透過聲音來認識世界的人，總是聆聽這世界傳達出來聲音的訊號。

這是第三次有人來調查這兩個池子。月初前來調查的志工什麼都沒發現，而今天，第一個池塘上飄著一層薄薄的浮萍，彷彿為水面披上一層面紗，讓人幾乎看不到池中的任何東西。這就像是面對無法解讀的文本，或是一位面無表情的人，基本資訊似乎就在眼前，但卻是遙不可及。自然界也設法隱瞞資訊，維持自己的靜默。雖然我們能聽到林蛙的聲音，但卻什麼也沒見著。看著這樣一個泥濘、不透明的池子，很難相信它在自然界中竟然擔負著潔淨和更新的功能。看天池能夠淨化地下水。水潔淨水。這樣一個暗淡的池子讓人體悟到禪喻中扎實的道理。

與這個池子相連的另一個，大約有六公尺遠，比較小一點，我們穿過濃密的蘆葦叢，徒步走到那裡。蘆葦的生長速度快、長得又十分密實，可能會排擠掉其他植物，減少物種多樣性，因此在濕地中不是很受歡迎。在這個小沼澤，蘆葦依舊採取壓制的姿態，以其乾燥和枯萎的秸稈，再加上新冒出來的綠芽，一起覆蓋住池塘左側兩張老舊的庭園椅，將它們牢牢地固定在地面上。這兩張椅子，一張是白色塑膠，一張是熟鐵，這樣的形象象徵著某種古老的監管方式，標示一種善意的監督，那是在全球定位系統、航測地圖和試算表問世前的時代所採用的。「卡羅來納鷦鷯，」我聽到雷喃喃自語地唸著。

喬伊絲發現了一條鹿徑，雖然已經為野生黑莓的枝枒所覆蓋，我們還是沿著它走到第二個看天池。這時已經接近傍晚時分，一隻棕蝠從旁邊的灌木叢中飛出，嚇了我們一跳。安在填第一個池子的調查表時，輕聲地自言自語，說這一趟看來完全是徒勞無功。然後就沒有再特別說些什麼。「還是有蝙蝠、林蛙和卡羅來納鷦鷯。所以，也不完全算是無功而返。」

我們一走到第二個池子，就發現了兩塊卵團，一個就躺在池底上，另一個則附著在一枝淹在水中的樹枝上，看到這兩個，真的讓人十分驚喜，因為在這座池子的前兩次調查中，什麼也沒發現。乳白色的腎形卵團，讓人一看就知道這是斑點鈍口螈的卵，它們是自然界的「流體建築」(blob architecture)，附著在棍棒枝條上，像是球根標誌，微微發光，模糊難辨。

在水池的邊緣，留有一砌古老石牆的遺跡，現在幾乎難以辨認，而其他地方則完全為厚厚的草叢所覆蓋，讓人無法接近池邊。毒藤更進一步發揮遏阻的作用，我們完全沒有辦法去到那裡尋找其他卵團。我想了各種可能性，但還是提不出任何可行的辦法。看不到也搆不著，不是因為靴子不夠高，就是水太深或太暗，潮濕的樹葉蓋住了躲藏在那裡的東西，橫過池水的樹枝遮擋住池底，浮萍太厚，所有能想出來的方法都落空，我們就是無法看到這些近在眼前的事物。不過，隨後雷又聽到了林蛙的鳴聲，又在池邊的樹根下看到另一隻林蛙的身影。在日本，蛙類是象徵好運氣的吉祥物，特別是涉水而過的時候，雖然調查表上沒有地方寫下這類資訊。突然之間我有種肯定的感覺，正是我們和兩棲類世界之間長久的關聯，帶領我們找到這個池塘。

志工是一種節省經費的人力資源，而且有非常好的研究顯示，那些受過充分培訓的公民所提供的兩棲動物卵團數量資料和生物學家所收集的數據，沒有多大的差別。[1]不過，僅待在林子裡一個下午，我們能做的確實有限。除了卵團數量和看天池的種種狀況外，科學家還需要知道這個池子對其相鄰地景所產生的立即效應。

一個半徑約三十公尺的池子，能夠提供整池生態系的營養鹽，而在池子周圍三十到兩百二十九公尺之間的區域，則是生物覓食、尋求遮蔽和休眠的關鍵棲地。要評估這些延伸出來的棲地，需要相當的技能和訓練，這遠超過志工的能力範圍，最好是交給有經驗的生態學家來執行。這樣一種聯盟關係正是克萊門斯所大力支持與推廣的。他認為「科學家具有與世隔絕的超然地位，宛如祭司般的形象」的觀念已經過時，不合時宜，但抱持這樣的想法，有時讓他難以與研究社群交涉溝通，而他投身在與地方社群和規劃機構的努力，則讓他很有成就感，完全開創出另一番局面。「倡導某種信念，並不在科學家的訓練課程當中，而且投身這些信念也不會為他們帶來任何好處，」他解釋道：「我並不要求科學界有所頓悟，我只要求他們不要擋住我們前進的路。」

克萊門斯質疑科學研究和倡導某種信念之間長久以來的鴻溝。他表明在當前這樣的緊要關頭，對資訊的需求是重要的。科學界歷來將其研究成果視為用於日後的推行和政策制定的依據；科學家往往不願投身公共政策的倡導活動，因為支持任何形式的意識形態都會損及研究的客觀完整性；科學家認為強烈的偏見會讓科學沾染特定色彩，至少論述起來是有某種傾向的。這正是克萊門斯希望能夠超越突破的，並朝向一個稱之為「後常態科學」(post-normal science) 的方向移去，這個詞彙是由作家西爾維奧・方托維茲 (Silvio O. Funtowicz) 和傑洛姆・拉維茲 (Jerome Ravetz) 共同提出的，他們指出，「符合此一新條件的科學將是基於不可預測性、不完全的控制以及多個合理觀點的假設。」[2]或者，正如克萊門斯所言：「這不是要讓科學研究變得馬虎行事，而是只要有紮實的數據就足以形成政策。統計的顯著性並不一定要達到百分之九十五以上。只要擁有詳實的數據就可以建立因果關係或預測可能的結果，並足以形成審慎的公共政策。」

在池邊待上一個下午，讓人體悟到，即使是短暫的存在也會產生持久的效應，如此難以捉摸的東西竟可以容納這麼多重要的資訊。為什麼某些物種消失會造成嚴重的後果？人類的健康取決於物種多樣性。生物多樣性的降低和傳染病的增加之間有直接的相關性。或者用愛德華・威爾森 (Edward O. Wilson) 的話來說，失去物種就是失去資訊。

潛力無窮的生物資源將遭到破壞。尚未開發的醫學技術、農作物、藥品、木材、纖維、紙漿、能夠恢復土壤的植被、石油的替代品以及其他產品和設施，將永遠沒有機會問世。在某些地方，經常將不起眼的小東西，如蟲子和雜草，撇到一旁，完全忘記曾經有過一種不起眼、來自拉丁美洲的蛾拯救了澳洲的牧場，使其免於遭到過度成長的仙人掌所吞噬，還有日日春提供治愈何杰金氏病的療法……在這樣的失憶症中，也很容易忽視生態系為人提供的服務。這套系統讓土壤肥沃，並且創造出我們所呼吸的氣體。[3]

那天晚上，我夢到了航照圖上顯示看天池位置的淺紅色交叉線。蒼白的網格沒有實體化為圖形，反而演變成各種各樣的網絡，穿插在地面的小窪地間，織成一張脆弱的安全網，而在我的夢中，對這些網絡的搜尋，是為了尋求某種更高的安全性。

事實證明，池中的資訊幾乎就和池子本身一樣難以捉摸。由於缺乏資金，難以在展開評估前，取得完整的看天池位置圖，也無法實地調查這些被科技設備投射出來的看天池的位置。我們之前沿著蘋果園和松樹林所搜索的第一個池子可能就是個數位幻象而已。後來，這項計畫中的資深地理資訊系統資源教師尼爾．柯里（Neil Curri）告訴我，除了空拍照之外，他也嘗試用了全國濕地調查的資料，以判定這項調查中看天池的可能位置。但即便如此，這當中還是充滿不確定。「這或許可以顯示出那些半永久性集水的區域，但它們不一定就是看天池，」他說。

要組織志工和協調員的工作也很不容易，而當分發好所有的調查表後，卻又遭到進一步的預算刪減，以至於無法進行即時評估或分析。當我問柯里是否可以看看評估成果時，他已經被這項工作折磨得疲憊不堪。但我還是想告訴他，在四月的下午去尋找看天池，在本質上就是一場關於不確定的練習。這整項計畫本身就是其中一項不確定因素，但亦有其價值。正如同池子本身的特性，它是暫時的、不起眼的，而且大小、形狀和深度不斷變化，這些條件會決定生態系的樣貌，同樣地，這些春日午後難以量化的經驗，也具有持久的意義。這不一定是來自於你所發現的東西；有時只是因為你的存在而已，你的出現就是一種意義。或者，正如克萊門斯所談到他自身的經驗，「當人接近土地，他們可以做出明智的決定。他們理解後果。生活在一個高科技的社會中，我們變得離大自然非常遠，因而不瞭解這樣的後果。當人們體驗到第一手資料，便會宣揚倡導它。」

這時已經接近傍晚，我們結束今天下午的調查，走回車上，穿過三葉天南星，還有一種我們當中沒有一個人叫得出名字的某種春蕨的嫩芽，以及四散的野天竺葵。此時空氣中瀰漫著低聲的啁啾。「有一家子藍鶇在附近，」雷輕聲說道。當我們正準備離開時，一名男子駕著卡車駛入車道。當他走出車外，我們停下來告訴他我們來這裡的緣由，告訴他池裡的卵團，那兩隻林蛙，一隻是我們親眼所見，一隻則是聽到的，還有倏地飛出的棕蝠。

他點點頭，看起來很開心。「那太好了，」他說：「但我只是這裡的承租戶。」

CHAPTER

5

水下絲帶

Ribbons Underwater

八月中旬正是前去哈德遜河谷收集數據的好時機。山野間的野胡蘿蔔、菊苣、一枝黃花和紫澤蘭蠢蠢欲動，樹林長得也十分茂密，讓人難以穿越。這時的哈德遜河倒是和以往沒有什麼不同，一直要到進入旱季，鹽峰往上游移動，威脅到生長在那裡的菱角，岸邊積累成一片由菱角葉叢組成的水嫩草地，而史托克波特（Stock-port）泥灘在乾潮時則蓋滿了一大片萍蓬草。

河面下，也有非常豐富的植物生命，一叢一叢的美洲苦草（*Vallisneria americana*）在這夏末時節也興盛起來。美國苦草是沉水性植物，不同於菱角這類浮水性植物，美國苦草不至於塞滿整個河面。其葉子成修長帶狀，能夠讓光線穿透到河水裡，儘管在乾潮時整株平躺在水面上，也不致妨礙光線入水。美洲苦草會增加河水的含氧量，提供食物和棲地給水生蚯蚓、端足類、昆蟲、蚌蛤及貽貝等無脊椎動物，以及鱸魚、鯉魚、鰻魚等魚類。帆背潛鴨會潛水至河床搜尋食物，鷺鷥也在那裡覓食。所有這一切，正好彰顯何以當河床上長滿這種水草時，即能夠說明一條河流處於健康狀態。從哈弗斯特勞灣（Haverstraw Bay）到特洛伊，苦草河床約佔整條河百分之六的區域，但苦草的狀態隨時都在變化。苦草是非常有韌性的多年生植物，自有其一套地下儲備系統。在沉積物下方的塊狀結構是其根系的一部分，使其具有一定的殘存率。話雖如此，鹽度、從合流式污水系統排放的污染物，以及海上交通等因素，都會縮減其勢力範圍，但是，當冬天的碎冰掘鬆河底的沉積物時，苦草就從中生長出來。

因此，測量苦草的生長狀態就等於是在為這條河流做健康檢查，而保護河床不受人類活動干擾，就是一種守護此處河流生態系的方式。但要量測這片沉浸在水中的世界，得面臨一些實際的問題。從一九九七年開始，研究人員每隔五年，就會在哈德遜河上空進行空拍調查，以這些照片來記錄河流中沉水植被的狀況，但空中攝影非常昂貴。而且就算這些照片可以捕捉河床的色調、顏色、形狀，面積和質地，眩光有時還是會讓圖像變得模糊不清。照片也無法記錄到水的深度或是其清澈程度，還有其他影響苦草生長的因素。若是再考量河床持續變化的情況，這一點又隨著苦草的成長和濃密程度而不斷變化，每年，要推測河面之下的情況都很困難。為了要找到答案，一群來自卡里生態系統研究所、康乃爾大學資源資訊科學研究院、紐約「海洋獎助金延伸計畫」以及哈德遜河國家河口研究保留區的科學家、教師和資源管理者集結起來，在二〇〇三年成立了一個志工監測計劃。

現在，每年夏天從七月中旬至九月中旬，卡里研究所的水生生物學家史圖爾特．芬德利（Stuart Findlay）與地理資訊系統繪圖專家、空中攝影師和志工協調員，以及一批約二十名左右接受過資料收集訓練的輕艇和獨木舟好手，在塔潘齊大橋（Tappan Zee Bridge）北段和特洛伊大壩之間進行調查，探究那裡的情況。這不是簡單的清查而已，而是要追蹤植物生長的模式變化。志工配備有標示穿越線和位置座標的地圖，還帶著能夠判定經緯度的手持地理定位系統裝置，兩人為一組，去定位苦草床的位置，判定其密度，同時收集水深和水體透明度的資料。這項計劃的目標不只是簡單地收集數據和彙整統計資料而已。地方規劃人員在進行土地使用和濱水區開發決策時，已經開始參考這些資料。這項監測活動，也是一種向外擴展的方式，串連起這條河貫穿的各個社群。

今年八月的下午，我和我的朋友道格．里德（Doug Reed）一同前去野外調查，身為環境教育人員的他，從這項計畫開始時，就一直熱衷參與。道格是「看守哈德遜河流域」（Hudson Basin River Watch）的主任，他在一九九三年成立此一公民監測網絡。這個看守組織的宗旨是要透過公眾教育和社區參與來改善河流的水質。從那時以來，他一直和各級學校合作，從上游到下游，監測這條河，教導學生團隊如何在威斯切斯特（Westchester）到阿迪朗達克（Adirondacks）之間的這一河段，進行調查、採樣及分析。一九九九年，這個組織發行了一本實作手冊，建立起在整個流域由公民來進行監測的標準化流程，如此一來，透過這些流程，讓當地居民能夠參與相關的河流政策。在此期間他們抓出了老舊的污水處理廠，舉報污染周遭的垃圾掩埋場，透過這種方式，為社區服務，成為水和土地的託管人。

道格划著一艘木艇在河中穿梭，這艘船是以細長的手工彎曲的松木夾板打造而成，最後還以黑櫻桃木作為內飾板。他提到，這船在橫渡水面時，十分輕巧，「感覺起來就像是在划一艘大提琴，」而現在，當我們朝向哈德遜河划行時，岸邊一位釣魚的人看出它的優雅：「把它放在水裡，實在太可惜了，」他叫喊著：「要是我，就把它放在咖啡桌上欣賞。」這艘獨木舟配備有編織的藤席，在今年初夏特別熱的那幾天，我還看過道格在這艘小艇上撐起一張很時尚的黑紅相間的傘。頂著一頭銀髮的他，戴著巴拿馬草帽，乘著這艘手工打造的船，流暢地划槳，為這整件事賦予一種優雅的姿態，彷彿是在呼應這地方的自然之美。就跟他的船一樣，他早已習慣在進入這條全美數一數二的大河時，稍作打扮。我坐在自己帶有閃亮綠松色塗裝的聚乙烯輕艇中，和他一起進入哈德遜河，頓時之間讓我自慚形穢起來，感覺像是他來自鄉下的表妹，全身上下都穿著在平價百貨買的成衣，卻莫名其妙地發現自己要去參加一場舞會。不過這一切都不重要。道格的優雅風範讓他有相當廣泛的容忍度。「我喜歡你的輕艇，大剌剌地漆上藍色，相當隨意，我喜歡！」他讓我感到安心。

今天的乾潮是在下午六點，再加上苦草在淺水中比較容易看得到，所以我們的時間相當有限，只有在乾潮前後的幾個小時能夠進行調查。當我們在五點前開始時，溫度約近三十度，水就像是一片玻璃。我們向閃亮亮的匯流處推進時，正好有一群鷗從泥灘飛起往南而去；在北方，這個下午出現的第一隻大藍鷺則文風不動地站在那片菱角床上。道格將我們的路徑航點輸入到全球定位系統的設備中，接著我們就往第一條穿越線的方向划去，在這條線上，我們會找到三、四個或五個指定樣點，在每一點要丟出小的橙色浮筒，加以標記。這些樣點構成一條看不見的線，就是我們將要檢查植被狀態的穿越線。然而，正如道格所觀察到的：「電腦畫出來的這些線全都是直的，但在河上從來就沒有直線。」

這項計畫的實作手冊包括有一份十二頁的附錄，說明如何使用Garmin導航軟體，還附有下載的樣點，將其轉換成文字檔，然後上傳到這些手持設備的詳細步驟，所有這一切都附有選單選項，開放埠、自動連接和投射區。在今年初春舉辦的培訓班中，我卯足全力來學習這些導航軟體，當時我在靠近卡里研究所停車場的各種戶外區域尋找指定的樣點，有的是在雲杉樹下，有的是大馬路邊。當天下午就已經百般挫折，但那時的經驗完全不能和今天在一條移動的河流上判定樣點所遭遇到的挫敗相提並論。水改變了一切。史圖爾特在培訓課程中提過：「百分之七十五的人只是到達那裡而已，只有剩下的那四分之一才有辦法取得數據，」我現在明白他的意思了。不管是潮汐與河流的推動拉扯，還是河面上輕輕刮起的一陣微風，都會讓小船不可避免地漂移，另外也有其他難以捉摸的因素影響到船在水上的行進方式，全球定位系統的座標變得難以掌握。在水面上發生的一切，很少會依循一條直接的流線。

電腦業目前的研究目標是要增加這些設備的敏感度，在一、兩年內，道格也許可以做到，讓我們沿河進行穿越線調查時，能夠使用觸控式螢幕，而不用像現在這樣敲打數字按鈕。也許，那樣觸控式的輸入設備能更適應人類的手勢、觸碰和直覺，讓我們更容易在水路上，維持我們的航線在所指定的座標上。光是在河面上的一陣風，就足以提醒我，要得知我們的所在，衡量我們的位置，從頭到尾都是件艱難的工作。難怪調查表上會要我們填寫預期位置和實際位置。

不僅是座標位置難以判定，河的世界總是模棱兩可，再加上每年的這個時候，水草增生，河床上鋪滿一片片的睡蓮和菱角水草床，使得在史托克波特河灘地進行物種清查的工作變得異常詭譎。這裡的河道在幾十年進行疏濬工程時，已經完全重新配置，被加以改造和重新設計。在十九世紀和二十世紀初，為了要讓大型船隻航行到特洛伊和奧爾巴尼，在淺水區進行疏通和改造時，產生了一些小島、灘地和沼澤，一直以來它們持續受到一、兩公尺高的潮汐沖刷。在短短不到一公尺的範圍內，河水的深度可能會驟變，從十幾公分到六公尺。而在港區外的河水，深度又更深了。

不過，我們拉穿越線的地方是在淺水區，然後往更淺的地方前去，然後又再返回淺水區。潮汐只是讓河流和灘地間的界限變化多端，迅速由一處變換成另一處，原本是土地，一下又變成水面，不斷地改變樣貌與輪廓。真的是得了失心瘋才會想要量測這樣的地方。

在進行第二條穿越線的測量時，我們爬出船外，涉水而行。這裡的河水深度約只有十公分，已經淺到無法划行，於是道格從他的獨木舟中爬出來，拉著它前進，在一個個採樣點間涉水而過。在泥灘和萍蓬草形成的水草床所構成的淺灘中跋涉本來就不易，再加上清澈的河水、午後耀眼的陽光，讓我們的行進變成很笨拙的運動。我們除了橘色的浮筒外，還帶著透明度測定板（Secchi disc），這是一個黑白相間的圓板，能以細繩沉降到水中，繩上有公分刻度為記號。測量河水濁度的方法，就是判斷板子在沉入河水後，在到達怎樣的深度時變得不可見；影響河水濁度的因素很多，諸如沉積物、降雨水量和風對水的擾動等。在我們所在的地方，這板子根本派不上用場，於是我們就把它留在我的皮艇上。

二〇〇七年的空拍照片上有幾個深色的陰影，暗示在這個河段上有苦草的存在，一個模糊的三角形或是模糊條狀帶，可能意味著一個生長區。但圖像彼此重疊，方塊壓著方塊，以垂直排列的方式相互交疊，這是一種怪異的靜態，和這個夏日午後寬廣連續的河流沒什麼關聯。這不是我第一次懷疑以這些模糊的數位圖像來與自然界比對的用意。道格已經拉下第三條穿越線了，依舊是一無所獲。調查表提供相當廣泛的選擇來描述水草床的濃度：無、稀疏、中等、茂密，而我只是持續反覆地填寫：無、無、無、無。

但是，我知道，「無」也是一筆資料。我不止一次地聽到這樣的說法，而這也是我們學到的寶貴一課：當我們什麼也看不見或聽不到，當我們無話可說，無法可想以及無能為力時，這樣的狀態也是一種資訊。這似乎是一個超越各學門、眾所周知的事實。在音樂中，無聲可以是一種聲音的共振；在數學中，零是一個重要的數字。羅伯特．賴曼（Robert Ryman）的白色畫布是對白色空間的豐富性所做的初次探討，梅爾絲．卡寧漢（Merce Cunningham）的舞蹈是對靜止的追尋。在英語世界中為人津津樂道的劇作《等待果陀》，最著名之處就是在描述一段什麼也沒發生的時空。設計師馬克．紐森（Marc Newson）曾說過：「我一直對不存在的事物所傳達的訊息感興趣：虛空、內部空間以及你沒看到的東西。」[1] 而抽象畫家艾爾斯．凱利（Ellsworth Kelly）則表示過：「肯定和否定是同樣重要的。」[2]「缺席」所傳達的訊息，和「在場」所傳達的訊息一樣強大。

而現在，又多了另一項好處。在我們南邊的灘地上，有隻白頭海鵰停在一棵樹的上端。我試圖低聲告訴道格，但他離我太遠，根本聽不到，於是我只好待在無法跟人分享好消息的小地獄中。道格正在這裡進行他的例行作業，換句或說，他知道要如何觀察。他可以測量水的深度和濁度以及苦草的生長密度，但同時也繼續關注周遭的整個大圖像，在進行穿越線調查時，他一邊精確地注意時間和測量，一邊還能夠觀察到白鷺、大藍鷺，帶著兩隻小鹿在岸邊吃草的成鹿。他能夠同時看到細節和脈絡，這正是為什麼我對他竟然沒注意到上方樹枝盤踞著一隻白頭海鵰，感到不可置信，或是扼腕的原因。牠毫無預警地飛了起來，向上游處滑翔而去。

我們繼續朝下游而去，儘管河裡依舊沒有苦草床的跡象，道格倒是在一隻鸊鷉的喙中發現一根。這隻雙冠鸊鷉有著一根細長而彎曲的頸子，優雅又笨拙，牠自在得意地往下游漂浮，在我們面前叼著根苦草。「這就是所有苦草的命運，」道格嘆了口氣說道：「全都被鸊鷉給吃完了。不過，這是個新理論，我們還是留給科學家來釐清吧。」

一直到進行第五條穿越線的調查時，我們終於發現了苦草水嫩的捲鬚，然後，突然之間，這些水草變得無所不在。它們平躺在水面上，隨波蕩漾，組合成無數種姿態，不過在水面之下，其濃密度更為明顯。此刻，當我的小艇划過水面時，便發出柔軟的沙沙聲。

我們已經在原本預期看到它的地方找到了它，在這個希望、期望和發現同時出現、相互對映的當下，我明白自己正處於一個很罕見的時刻。苦草會紮根在河床上，但它的葉子會長成細長的絲帶，寬度不超過六、七公釐，但長度可長達兩公尺。若是河水顏色深，能見度低，很容易完全忽視掉它們，就這樣划過整個苦草床，而無視其存在。不過，現在仔細觀察一番後，可以看到它們的葉子所構成的群體，這是一張巨大的水下表格，書寫著河流的健康狀態。這裡的水具有不同的質感。在定位穿越線時，這些樣點的數量，似乎向我們確保在這裡發生的一切，都有某種秩序，也許是一種將不可見事物加以分門別類、判定列表。但是這些水下絲帶隨波逐流，任意漂動，任由河水梳理，讓這裡的穿越線非常不同，更為纖細。現在我知道什麼是「地面實況」，可以在河裡找到對應的真實事物。關於水的事實，在本質上，似乎是千變萬化又難以捉摸。

一九七七年，藝術家華爾特・德瑪麗亞 (Walter de Maria) 在新墨西哥州一處偏遠的沙漠地區作了一組裝置藝術「光場」(The Lightning Field)。這個作品是將四百根拋光不銹鋼桿，插入土壤中，組成一巨大的網格。這些鋼桿的高度約莫六公尺，這樣的高度在暴風雨期間會引來閃電。不過，大多數遊客都表示，即使在晴天，光是見到這樣的排列陣仗，就感到相當震撼；也許光是見到這些高點能夠將這片紅色大地與寬廣無涯的天空相連的可能性，就已經足夠了。現在，我將這片水下草原想像成是一處德瑪麗亞光場遠處的衍生，這些流體卷鬚就是在這個平行宇宙中，鋼桿對應著苦草，其連結不再是源於地面，而是從水下開始，是植物而不是礦物，是隨機漂流的，而不是規矩的網格。

接下來的一個小時，我們划行至淺灘區，有時會發現豐富而稠密的苦草床，但在只有幾步之遙的地方，卻又一無所有。數據表上所列的項目還附有圖示和相應的百分比：無，百分之〇－十；稀疏，百分之十－十五；中等，百分之二十五－五十；豐富，超過百分之五十。我現在終於體會到「數據」(data)這個詞在拉丁文中的原意為何是「給予」的源由了。苦草在乾潮的水中，蓬勃發展，可伸展到兩公尺左右，但是在這裡，河流的深度似乎改變得很快，難以預測，要判斷其準確位置，成了一場詭譎的演練活動。黃昏時分，乾潮剛過，河水宛如深色的玻璃。到傍晚六點半，河面光滑平靜，但氣溫突然驟降。雲層後的夕陽賦予河面珍珠般的光澤，幾分鐘之內，西岸的樹林因為太暗而看不清，只剩一團模糊的影子。天空就跟海岸線一樣變幻萬千。灰色的雨雲湧向北方，我們頭頂正上方，卻漂浮著反映出繽紛色彩的白雲。

進行這些量測，也許有一些令人著迷的地方，而就是在這個時候我才明白這不是簡單的量測而已，重點在於我們要如何測量。我想到種種不同的計數方式，有些很抽象、過於理論的，讓人覺得很遙遠，另一些，像我們正在做的，很直接，近在身邊，是可以採取實際行動獲得的。可以選擇的計數方式似乎有所增加。我以頁數來衡量一本書的份量，除非我讀的是電子書，在這種情況下，只好用百分比來思考。還有一種計算是無邊無際地算下去。我的朋友羅米格，是一位陶藝師，接獲了來自韓國的訂單，要訂購他製作的陶瓷餐具，數百個盤子，數百個杯盤，她告訴我，她這輩子都無法完成這張訂單的數量。

我的另一位朋友麥倫，則在這個難以丈量的世界中看到一份完全不一樣的學習單。身為園丁的他，最近開始種植番紅花。在秋季，這種淡紫色的花朵花期會持續幾個星期，此時，他很高興地用「收成」這個詞來形容他摘花的過程，他要以手指，摘下花中的三尖紅色柱頭，有時還得出動鑷子。他將這些狀物，放在一張紙上乾燥，然後將它們儲藏在陰暗處。他主動表示要讓我欣賞他的收成，我看到在一小張紙上有六條片段；在下方的另一張紙上則有三條。每盎司的番紅花需要有五千四百朵鮮花，製成一萬六千兩百條細條。我難以想像究竟需要有多少個這樣的十月才能達到這樣的收成。作家波赫士（Jorge Luis Borges）曾指出，要處理難以想像的數字是非常不便的，但便利僅是一種相對的概念，最後麥倫只是跟我說，當他有足夠的番紅花來料理時，他會邀請我來吃一碗西班牙海鮮飯。

自二〇〇三年以來，志工一共收集了一千兩百個樣點。等到道格和我結束這一天的工作後，將會增加二十五或三十個點。還會需要多少個呢？我還記得，有個早上，在拔除完菱角，要從河裡離開之際，南西說：「即使這工作沒有完成的一天，她還是有種完整的感覺。」也許在二十一世紀的今天，這份集合眾人之力量以便彙整出一個詳盡資料庫的活動，就相當於是我們遠古的祖先，一塊石頭疊上一塊石頭，一根樑柱接著一樑柱，辛辛苦苦以自己的體力建立起金字塔和大教堂的工程一樣。也許這一切都可歸類在神學家尼布爾 (Reinhold Niebuhr) 所觀察到的：「在有生之年得以實現的，都不是值得成就的大事；因此，我們必須靠希望來得到救贖。」[3]

不過，以建造金字塔和大教堂的工程，來比擬一個下午在河裡的工作，可能稍嫌誇張，總之，這想法轉眼間就在我腦海中閃過。此外，我們所採取的測量方式，自有其質地和吸引人之處。也許，這來自於其中的簡單重複性，一遍又一遍地做著同樣的動作，如同一種儀式，但每次的結果總有些不同。又或者，這是因為我們在當中重新調整了自己的時間感。在這個加速的時代，事情似乎瞬間發生，我們也以類似的方式來反應。我們有即時訊息、開機三十秒完成的電腦，還有得來速藥房，生活的節奏很快。但是，我們與自然界的交流溝通或許可以調整我們的時間感。這樣的交流是按照不同的週期行進，不論是以每分鐘、每年、還是每十年為單位來記量。拉設採樣的穿越線、判定水深、計算苦草的生長密度，所有這些似乎都在重新調整我們計量的方式，重新調整我們丈量萬物的感覺。

這就是為什麼很難停下來的原因，即使下弦月已經從東岸悄悄地爬上樹梢，我們還是繼續向下游前進，想說還有時間再做一個樣點，然後再做另一個，雖然天色漸暗。沿著這條線順流而下，繼續前進，一直漂流到哈德森，再進行一次水深測量，濁度判定，這樣的欲望似乎依循著不同的採樣過程而強化起來。在下午七點十分，河面散發著金色的光澤。潮水開始漲了，雖然我們幾乎感覺不到。在第十條穿越線上，我們找到編號四六八三六四一這個樣點，但只有短暫的片刻，不一會兒，道格的獨木舟就漂移到這個座標之外。看著他迅速划著櫻桃木的槳，目光完全集中在導航器上，這幅畫面就像是看一場來自不同時空的工具所編排的一場舞蹈，也許這就是這份工作所需要的。等到他開始量測水深時，我們已經在編號六五一這個樣點了。「嗯，我是在六四一的時候開始的，」他就事論事地說道。這就是在河上會發生的轉變，迅速又寧靜，讓人根本沒注意到。

最後，我們一共收集了二十九個樣點。幾個月後，史圖爾特彙整和分析好我們的數據表，這將會和從其他十五個地點收集到的三百四十六個樣點整合起來。史圖爾特最初預計約有百分之三十八的志工會目擊到苦草，但最後實際的數字是百分之四十三。根據二〇〇七年和二〇〇八年志工所收集到的數據來看，苦草的生長出現衰退，不過如今這個植物似乎開始反彈，這項清查系統有所成效。紐約州的環境保育部在評估濱水建築許可的發放時，會使用這項資訊，不過沉水植被的部分早已納入土地利用政策中，過去曾有開發商提出在附近的特洛伊碼頭進行一項開發案，相關單位即以當地有大量苦草存在，而拒絕發給建築許可。數據也指向水下植被流失的區域和以硬工程（hard engineering）來加強河岸（如使用鋼和混凝土這樣的材料）之間的關聯。當哈德遜河上下游的社區重新評估如何因應氣候變遷和不斷上升的海平面而必需修改海岸線時，這些資訊將會有所價值。[4]

今晚，雖然我們為判定這條河的現況增加了一些計量資料，提供樣點、穿越線、深度和濁度的讀數以及植物生長密度的估算，還有一隻倏地飛過的雪鷺，在天際畫下一道弧線，下午陽光的傾斜變化，樹木進入陰影的比率，以及所有在某個八月份晚上的其他因素。在暮色中，一隻大藍鷺站在灘地上，看上去更藍了，差不多是靛藍色，不過它的喙在太陽滑落前，捕捉到最後一道光芒。我們周圍能夠量化的訊息，真的非常的少。我忍不住想，手中所擁有的座標，極為奢侈。倏地這想法迅速地消失了，一如它浮現在我腦中一樣快。然後，我們開始往上游去。

此時，這條河散發著黑暗的光澤，捕捉到一點殘留在天空的金色餘暉。我們毫不費力地往上游划去，漲潮所帶來的潮水輕輕地順向將我們推進。不祥的雷電讓整個北方的天色十分昏暗，不過夏季的暴雨往往是從西邊過來，我只能可笑地拒絕抬頭望向上游的天空。畢竟，到目前為止，我們都算是幸運的。所以當水面突然皺起，我再也不能否認我們划槳對抗著河面上的風和波動，我知道這不是潮流，而是來自下游方向的暴風雨。隆隆作響的風雨聲越來越近，黑暗不再只是因為陽光溜走，而是雨雲向我們逼來。

我們往上游划行時，一直往淺灘靠攏，所以當暴風雨臨頭時，我們立即下船，將船拉到島上。躲到樹下避雨，就在剛剛白頭海鵰休息的地方，突然之間雨勢加劇。這場夏季的洗禮應該在幾分鐘之內就會過去，不過道格拖出了雨衣，放在一小片泥灘地，任雨水淋濕。當閃電破雲而出，我又想起藝術家德瑪麗亞大片的金屬陣列，將其與這些閃亮的電連結起來，而且就連在晴朗的日子裡，偶爾也會以幾道閃光連結天地。不過，今天河裡的叢叢絲帶形成一力場，如同與他的電場作品在一平行的平面下，暗示著某種表面之下的連結。

整個往東而去的天空仍呈現沉悶的鐵灰色，儘管我們還是有聽到陣陣雷聲，不過已經離史托克波特溪和這條河的交滙處不遠，剛好能在天完全黑前划回來。在我們將我的小艇綁在我的車上，道格將他的獨木舟放入卡車後，我把不算太濕的調查表交給了他，他則把它們放在他的卡車中。幾個月後，他終於有機會向我展示這些資料，他指出，雖然我的水質、濁度、苦草生長密度都很精確，連時間都正確記錄下來到幾時幾分，但我的月份完全弄錯了。有些地方，我的速記符號顯示的是我們是在六月份的下午到河裡去的，有的則是十月。只有極少數的資料正確記錄為八月。

道格打趣表示，也許夏日午後在河上的航行就是一場時空之旅，我打從心底認同他的說法。突然之間我意識到：透過各種方式記錄我們所見、所行，過程中，我們很容易因為自己私心希望這一切能夠不斷繼續下去，而遺忘身在此刻的確切時間。

CHAPTER

6

空地上的郊狼

Coyotes Across the Clear-Cut

我當作辦公室用的一間小屋就蓋在我們家後面的樹林邊上，那裡是草坪與樹叢接壤的邊界，一片茂盛的草，還有踢牧草、狐草和一枝黃花將我們與外邊的雜草區分開來，宛如一道花園的圍欄，兀自建立起與外界樹林的區隔，那裡有濃密的荊棘、一棵沼生櫟、一叢細長的洋槐，還有幾棵分散在四周的楓樹，標誌著樹林的開端。從我窗口望出去的視野不是特別好，放眼所及，基本上只看得到這個地方的大致變化，或是事物的轉變。邊緣就是事情發生的地方，正是因為這個原因，對我來說，這間屋子似乎是相當理想的工作場所。在冬季，三不五時會有鹿從樹林裡緩步而出，查看冰雪融化後的花園裡是否有留下任何可食用的東西，在踏出原本能夠掩護身軀的樹林後，牠的每一步都顯得猶豫侷促。灰松鼠的空中芭蕾則是固定的戲碼，在春日的午後，還經常有機會觀賞到一群火雞，宛如行軍一般地朝向灌木叢邁進。這種種小驚喜對任何工作都有正向的助益，提醒我就在與我相鄰的地方，有個無法預知的世界。親眼目睹這一切，讓我明白世事無常，難以預測。

有一次，我看到一隻郊狼，但也就這麼一次而已。那是在晚冬時節土地開始解凍的某個下午，這隻郊狼徘徊在樹林鋸齒狀的邊緣線上。有個片刻，牠滑出樹林，現身在我眼前，像是一團快速刷過的皮毛，帶有一點煙霧，行蹤鬼祟，宛如魅影般來去於無形。這樣的驚鴻一瞥，讓我難以形容牠的外觀，更不用說是判別雌雄或年紀了。儘管我想盡辦法要觀察在這些樹林邊緣發生的事，實在是難以通曉要如何記錄下來一個影子的細節。

不過，這似乎就是與郊狼相遇的狀況。在一天的盡頭，在樹林的邊界，在季節交替的時節，這就是傳統上牠們會闖進人類視野邊緣的時節，通常是牠們徘徊在道路邊緣的時候，或是沿著田野回去沼澤的路上，讓人驚鴻一瞥，快速而虛幻。在美國東北部，郊狼為自己佔領的地盤大概只有三、四平方公里，而我家後面的樹林和一點草地，剛好就位在其中一個這樣的棲地內。在一排北美喬松後面，有一片遭到砍伐的空地，郊狼很可能就在附近的岩石堆中構築獸穴。郊狼行一夫一妻制，家庭組成有雄狼、雌狼和一、兩隻幼狼。不過巢穴確切的位置難以判定，只能確定是位於牠們覓食和巡邏範圍的區域內。牠們地盤的邊界也虛無縹緲，就跟這動物神出鬼沒的行徑沒兩樣。

儘管一切都模糊難辨，在將近七十多年來，這些郊狼（*Canis latrans*）開始以美國東北部為家，並且蓬勃發展起來，族群日亦壯大。牠們的體型比美西郊狼來得大，毛色也較有變化，差不多有德國狼犬的大小，有時體重可達二十二公斤。一般推測牠們是從外地遷移過來的，這個區域的灰狼和美洲獅的族群量大幅減少，有利牠們往此處推進。有一群郊狼是從五大湖區的北方，橫越整個加拿大來到這裡，另一群則是由西往東穿越俄亥俄州而來。北方群在牠們的旅程中會與狼交配，這就是為什麼現在這裡的郊狼帶有狼的基因的原因；而且這也是為什麼這批郊狼不像牠們西部的祖先只吃小型動物，而善於獵鹿的緣故，還有在不到一個世紀的時間內，牠們成功適應從草原、沙漠到林地與森林等種種棲地環境。[1]不過儘管東部這裡的郊狼混合有狼的血統，牠們並不像狼群那樣，在生活和狩獵中展現出階級制度，相反地，牠們是施行小家庭制。[2]

現任北卡羅來納州自然科學博物館生物多樣性研究室主任的羅蘭．凱斯（Roland Kays），之前曾多年擔任位於奧爾巴尼的紐約州立博物館的哺乳類策展主任，他針對美東郊狼進行過廣泛的研究。當我前去博物館拜訪時，他選在收藏頭骨和皮毛的標本館接見我，介紹給我那裡收藏的頭骨。狼的頭骨明顯比美東郊狼的來得寬，而美東郊狼的又比來自俄亥俄州的稍大一點。凱斯解釋道，頭骨寬讓上下顎肌肉有更多空間活動，這一特點進而佐證牠們捕獵大型獵物的能力，在郊狼的例子中，牠們可以獵捕白尾鹿，而不再只是兔子這類小型哺乳動物。他又帶我去看收藏有整片美東郊狼毛皮的標本櫃，這時差異變得更為明顯。美西郊狼的毛皮往往是一致的，都呈暗棕灰色，相比之下美東郊狼的毛色就豐富許多，色彩更為多樣化，從淡奶油色、茶褐色至金紅色、煙灰色到黑褐色都有，一應俱全。甚至還有純黑的，凱斯告訴我。這是郊狼、狼和狗的基因混合重組之後所產生的結果。

此外，在上個世紀向東遷移的郊狼還以另一種方式改變繁殖的動態：美東郊狼身上帶有的家犬ＤＮＡ比牠們留在西邊的親戚還要多。美西郊狼，通常棲息在偏遠地區，遠離人類族群，僅與其族群內的個體交配，因此保留了遺傳獨特性。但是長距離的遷移，讓郊狼有機會遇到家犬與狼，增加與其交配的機會。所有這一切都指向一個更大的哲學問題：該如何定義物種？是生殖隔離？遺傳學？還是地理學？[3]在自然界構成生物身分的條件是什麼，這跟人類在思考自身定位時的推測似乎相去不遠，也都來自種種模糊不明的因素的組合，不外乎是經驗、族群性以及所遺傳到的特質，這些因素聯合起來，構成所謂的「我們」。

現在紐約州約有兩萬到三萬隻美東郊狼，牠們的族群數量有部分受益於此區的人口成長。在郊區蓬勃發展的哺乳動物，如住在棚舍後面並在垃圾堆覓食的浣熊，還有負鼠、老鼠、田鼠、兔子和鹿等，全都成了郊狼的食物來源。郊狼是一種侵入性物種，但也為當地生態系帶來好處，凱斯說道：「並非所有的入侵種都會造成傷害。這些郊狼填補了狼在這裡的生態角色，牠們現在是東北森林中的頂級掠食者。儘管此處的物種有所恢復，諸如火雞、河狸、漁貂和鹿等族群，但美洲獅和狼群都沒有恢復的跡象。郊狼正好填補了牠們的生態區位。「不過，身為機會主義的掠食者，郊狼對食物是照單全收，不論是秋天落下的蘋果、覆盆子、藍莓、鳥蛋、蝗蟲、飛鼠、西瓜皮，還是在路上死於非命的動物屍體。在冬季，牠們則獵捕生病、年老或受傷的鹿。這些郊狼的適應性高、機智又聰明，我在冬季快結束時的午後看到從樹林走出來的那隻郊狼，可能是在尋找老鼠或是其他在雪層之下的嚙齒動物。

我根本無從判斷，那是否是郊狼留下的痕跡。有人告訴我，牠們的足跡比狗的更小，而且只有兩隻前爪會留下痕跡。狗的足跡相對寬大許多；狗在行走時其路徑也較為蜿蜒，通常四個爪子都會留下痕跡，郊狼的足跡具有一份更強的方向感。在冬天，我曾經試圖要一探究竟，弄清楚郊狼的蹤跡。果不其然，我那隻黃色的老朋友「黛西」，顯然有其慣用的路線，會沿著花園的籬笆行進，走到樹林裡，再回到廚房門口。至於其他的蹤跡，則因為降雪和融雪，而變得模糊難辨，儘管最初可能留下過清楚的痕跡，但對我來說這是很難確定的。最後，我明白也許最合邏輯的作法，倒不如對這樣難以捉摸的痕跡，保持一定程度的不確定感。

當我告訴凱斯空地上的郊狼，以及我曾目睹一隻在我家樹林邊緣出沒時，他向我證實郊狼確實對這類地方有所偏好，他告訴我：「在遭受擾動的年輕森林裡，可獵食的物種較多，在那裡的地面上，有許多事情發生，而且在邊緣區域，陽光較多，風也較強。相比之下，在成熟的森林中，一切都顯得很穩定。」這種邊緣效應和一個地方所棲息的動植物的物種數量與密度的增加有關係；來自兩處的動植物物種，有可能在湖邊、樹林邊和草地聚合，只需要小小的變動，就足以促成事物的轉變。用科學的說法來說，這是一「生態過渡帶」(ecotone)，是萬物都可能改變的地方，從土壤含量、溫度、濕度、光線、植被面積乃至於授粉，這一切讓這地方充滿重要而複雜的互動。這樣的相鄰或邊界接壤，滋養出生物多樣性。白尾鹿之所以受到樹林邊緣的吸引，是因為牠們知道會在這裡找到可以啃食的樹木、灌木和草，我則因此想起傑夫建議我山上的鄰居放置鳥屋的那段話，他還說，林地和森林邊緣代表更多鳴禽的存在。

儘管邊緣地帶充滿各式事物，但不是所有這樣的地方都能一眼識別。在人類業已開發的地區，邊緣往往是突然出現的，清楚分明，一片林地突然之間就在空地或郊區草坪邊緣結束；而在土地有許多不同用途的地方，可能會出現過量的邊緣。不過，在自然界中，這些區別就微妙許多，也許是一處爬滿植物的地面或是稀疏的林子，都是邊緣地帶的痕跡。這樣的漸變提供一處緩衝區，讓動植物的生命產生更大的多樣性和複雜性。突然之間，我明白邊緣不必是可見的、明顯的，有些甚至要從遠處來看，才顯得較為清楚，這樣一個想法，似乎頗值得玩味。不見得會有人注意到當下事物的變動，或者，有時候，要到事過境遷，這些轉變才會變得明顯可見。在我看來，人，也可以從觀察這樣的模糊邊緣受益，比方說，理解事情發生的當下並不總是明確的，又或者是，長時間下來，詞語的意義也會發生變化。有些時候缺乏決定性反而會增加經驗的複雜性。

儘管郊狼的蹤影難得一見，但牠們的聲音倒是讓人聽來十分熟悉。晚上的嚎叫完全不會讓人認為牠們身處邊緣地帶，相反地，狼嚎傳遍大地，頓時之間吞噬整個夜空，充填整個空間。我們住的地方離地方上的消防隊大約有一、兩公里遠，當火災警報響起時，不可避免地會聽到高亢的警報聲。在緊急警報所發出刺耳的機械聲裡，牠們似乎能從中辨認出什麼，激發喊叫的本能。幾年前，一個冬日的下午，我丈夫穿著他的雪鞋，走上我們屋後山上的草地。才穿過一條古老鹿徑的松林，這個寂靜的下午就足以讓他幻想自己是一人獨立於天地間。但是，在他穿過田野之際，消防隊的警笛響起，片刻之後郊狼也開始放聲大叫，聲音似乎就從他所在位置不遠的地方傳來。我不知道郊狼到底在回應什麼，是否牠們有某些本能，讓其意識到，在這樣聽來悲傷而且毫無意義的訊息交換中，牠們正在回應的是另外一個物種。又或者，牠們只是在回應這個牠們聽來熟悉的聲音。最有可能的解釋是，警笛的鳴聲提醒牠們劃設自己的領地，廣播自己的狀態，宣布自己和其所佔領的一方土地。兩種完全不同的警報系統，以一種陰森恐怖的語調來相互呼應，這就是一種交流，扣問著為何我們意圖向未知回應，無論是在探尋熟悉的，還是只是出於好奇心。這兩者之間以其特有的方式呼應，突然而自發的互動。

生物學家有時會使用這種警報器的聲音來追蹤郊狼族群。在愛達荷州和蒙大拿州的偏遠地區，科學家用一種稱做「嚎箱」(Howlbox)的設備來尋覓郊狼族群。這套配備有一個揚聲錄音系統，能夠編排並播放出電子狼嚎聲，引起這區域的郊狼回應。分析聲音頻率的頻譜技術讓科學家得以區分各種反應，幫助他們計算狼群數量，最終有助於狼群的長期管理。

郊狼不會和狼一樣進行和聲；牠們的音調較高，而且小家庭的組合讓音波的範圍更為多樣。牠們的發聲可分成十一種基本的聲音，從叫喊、狂吠、咆哮、哀鳴、嗚咽到低鳴都有。但是這些詞彙加總起來也不足以形容實際上從夜晚的樹林中傳出來的聲音。我想，這應當是一種賦格，甚或是詠嘆調。但是，這些說法還是不夠正確。而且這些聲音的功能也充滿多樣性，有呼喊伴侶、呼喚小狼、宣告領土、建立支配權、歡迎以及警告。

聆聽動物發出的聲音時，我試著要更為警覺，更加注意在聲音的層次上。聲音可以顯露出發聲位置的狀況，四月上午的春雨樹蟾，十一月風吹落葉刮在草地上的颼颼聲，一月時河面上冰裂時所傳出的那份震耳欲聾的崩裂聲。大地上的一切動靜，正如任何一個認真的觀鳥者都知道的，全都可以透過聲音顯露出來。

梭羅沒有蓄養動物，只聽到「屋頂和地板下有松鼠，屋頂脊樑上有隻三聲夜鷹，冠藍鴉在窗外尖叫，屋子下方可能有隻野兔或旱獺，屋後可能有隻鳴角鴞或長耳鴞，池塘裡有一群野雁或是大肆鳴唱的潛鳥，以及夜間有隻狐狸在嚎叫。」[4]聲音之所以能讓我們定位自己的所在，也許是因為聽覺有其獨特之處，比起視覺，這和記憶的關係更為密切。聲音匯集在大腦的一些感官區中，比起視覺，聽覺的聯結更為原始，結合起來會迅速產生意像。這就是為什麼你可以記住幾個月或幾年前所聽到的話語，回憶起當時的腔調和節奏，發出一樣的音頻和音準，乃至於從中找到新的意義；或者是，聽一首長久以來遭到遺忘的一段音樂，可以在眼前瞬間展開你過去的生命。當然，自然界的聲音會觸發古老的恐懼和樂趣。即使是到今天，傾聽與大地景觀之間的連聯之所以仍然很重要的原因，可能只是因為我們最原始的爬蟲腦區依舊保留著祖先在大草原上學會的保命知識，知道要如何趨吉避兇，而這些經常是透過聲音來理解的。鳥類驟然靜止，安靜下來，正是遭受威脅和混亂的信號，而鳥鳴之所以能取悅我們，也是因為這帶來一份安心的感覺。[5]

伯尼．克勞斯（Bernie Krause）是位音景專家，他著有《偉大的動物交響樂團》（*The Great Animal Orchestra*）一書，當中提到透過聲音可建構出風景，他還提出「區位假說」（niche hypothesis），推測在一特定棲地中，其聲音多樣性可代表此處生態的健康狀態。克勞斯認為，長時間下來，鳥類和動物界的發聲方式不斷演化，每個棲地的聽覺信號在整個更大的音景之中自有其居所，而這些生物體所組成的大型交響樂團，全都經過精確的校正，能夠保證當中每個樂手的福祉。無論是交配鳴叫、預警信號、宣示領土或是因為痛苦和不適而發出的叫喊，生物的聲音都有助於確保其生存。雖然這一切仍然還是謎團，不過郊狼喊叫的細微差別，讓我覺得這樣的假設有可能是真的。我不太能清楚區別何時狂吠轉變成叫喊，或是咆哮轉為低鳴，我只能確定，某聲音是恐懼和慾望的聚合，或是在歡迎聲中又參雜有警告的意味。狂叫之中帶有哀鳴，這些聲音的差異相互混雜後，進入我的耳中，牠們的對談從輕輕的問候轉換到主權的宣示，而這其中，只有幾個音符的差別而已。

當我向凱斯提出這些問題時，他只是說：「在野外是很難判斷聲音的。」我想他的話很有道理。也許，想要瞭解、理解、破解乃至於建立一套這些聲音的目錄，以及建立這些聲音和其所表達的意圖之間的連結，對人來說是件再自然不過的事情。人類想要確切的答案，這驅使每當我們的好奇心被觸發時，我們就會求助於 iPhone 和 Android。但解釋郊狼的喊聲並不是一個不確定性的問題，而是一個毫無頭緒的問題。這些聲音出現在莫名地帶，凱斯直言不諱的回答，只是讓我明白，在我們的生活中，也有無法回答的事情。

此外，這些喊叫聲的頻率，會讓人產生錯覺，誤以為郊狼在遙遠的地方。聽牠們的喊聲，很容易專注在聲音和意圖之間那些令人難以捉摸的關聯，反而錯過某個轉音，錯失整段聲音的意思。在牠們的重複和迴聲之中，兩、三隻郊狼在喊叫時，聽起來像是有二十來隻，以某種遙遠聲音的持續推進，來宣示牠們的存在。這是牠們發聲的另一個招數，一旦開始叫喊，就會產生一種數量不斷加倍的效應，從兩倍、三倍乃至於四倍。然而，儘管喊叫是集體的行為，但這依舊是一曲孤獨的配樂，而這種模糊曖昧的狀態，似乎就是牠們所傳達的基本訊息。你是單獨的，但不是完全孤單的。這支郊狼合唱團，不知是動用什麼技巧，竟能夠同時傳達出這兩種訊息。

在二十一世紀的今天，我們很少在動物領域中尋找祖先過去經常看到的那些圖騰。引起我們興趣的，往往是關於動物的科學，而不是這些動物的精神世界。但我想郊狼也許是例外；在神話和傳說裡，郊狼和人類有悠久的交會傳統，將人與牠們相提並論的衝動也許還沒有完全消失，總是想要在牠們的狡詐、詭計、獨立性、孤獨的野性或是任何其他我們賦予給牠們的特點中尋找什麼。二〇〇八年一項針對郊狼和人類在農村地區互動的研究，就在我家的正南方進行，這項研究發現，儘管大多數居民都曾感受到郊狼的存在（不是在院子裡看到，就是聽到牠們的喊叫），他們多半認為自己是獨自一人與郊狼照面，並判定鄰居對郊狼一無所知，或是沒有意識到牠們的存在。[6]看來，人似乎想要將我們自己與這種動物的交會想像成是一私密、獨特的發生。基於某種莫名的原因，郊狼的孤獨性似乎融入在我們對牠的經驗與理解中。

這個區域的郊狼偏好在山上建立自己的領地，但是這裡的南邊已經少有農村，牠們開始適應人群。來去無蹤已不再是牠們特有的標記，三不五時就有人看到牠們跳進郊區的高爾夫球場，甚至進入曼哈頓市區，直抵中央公園閒逛，不然就是在翠貝卡（Tribeca）那裡疾跑而過。雖然這有部分原因是來自於棲地喪失，以及對人類的熟悉度與日俱增，也有人猜測，美東郊狼與家犬雜交有助於促進牠們發展出與人類親近的習性。[7]每年春夏，常常都會聽到牠們攻擊居家寵物，牠們突如其來的身影也嚇壞不少在庭院裡玩耍的孩子。郊狼在人類周遭建立起的舒適圈，對人來說卻構成了一種威脅，專家建議要讓牠們對人類養成恐懼的習慣，若是牠們進入庭院，可以敲打鍋子來嚇唬牠們，或是扔石頭或棍棒之類的，再不然就是以其他方式驅離。這樣的論點發展到極端，則是主張狩獵和捕捉，這樣可以保持牠們對人類天生的恐懼感，說到底，這可能是保護牠們最有效的手段。

二〇〇六年一項對威斯切斯特郡郊狼的研究，以公民科學的方式來繪製牠們的棲地地圖，並記錄牠們與周圍的人類互動。[8]這項以自發性的形式來進行的調查，請學童記錄是否有看到或聽到郊狼，以及其地點。不出所料，居住在林地與草地附近的人家表示聽到與看到牠們的比例遠高於都會化程度較高的區域。負責協調管理這項研究計畫的是紐約貝德福德的米亞納斯河峽谷保護區（Mianus River Gorge Preserve）的生物學家馬克．偉克爾（Mark Weckel），當我打電話問他關於參與這項調查的家庭的情況時，他告訴我，在這個郡的北邊，農村較多，農戶的面積較大，當地人比較習慣看到野生動物，那裡的居民通常不會把郊狼看成是一個問題。反觀在郡的南方，主要是都會區和郊區，那裡的人對郊狼比較不熟悉，通常還是會一直抱持戒慎恐懼的心態，而郊狼也會不斷打擾當地居民。

偉克爾希望透過這類研究，比如說他目前手上的這項計畫，讓野生動物專家妥善管理郊狼族群，同時也幫助在地居民學習如何適應這個逐漸在郊區浮現的新景觀。正如在報告中他所下的結論：

在威斯切斯特郡這類郊區，郊狼的未來不僅取決於我們對城市郊狼生態學的理解，也要看地主是否願意與這群頂級掠食者分享其後院。我們採用公民收集的數據，以此來詳加描繪這批在社區中的新興捕食者的輪廓，這是管理人類與野生動物潛在衝突的先決條件，也讓屋主得以衡量自身的風險。長久以來，科學研究常遭到不夠透明的批評，藉此讓公眾充分利用，其目的本就是在服務大眾……公民科學試圖讓利益相關者加入知識建構的過程，希望藉由這一步，讓利益相關者對身邊的環境問題更為積極地參與。9

但我知道，分享邊緣地帶是一回事，但分享自家後院又是另一回事。畢竟，有時候分享也會造成誤導，強健的聯結會被標記上恐懼和不信任；有時候，管理成了敵意的維持，欣賞的最佳方式是分離，還有照顧某人或某物的方式在於保持彼此之間的距離。儘管我試圖將自己想成是一個利益相關者，但我心裡明白，實際上自己只是牠們的普通聽眾。而這支郊狼樂團的遙遠之聲，提醒了我們，聲波是如何將人與地方聯繫起來。

在晚上聽到牠們的叫聲時，我也弄不清楚是自己還沒睡著，還是被牠們的呼喊聲弄醒了，觸發我腦中某些關於聲音和恐懼之間的連結。在夜間的這個時刻，先後順序似乎不再重要。警報聲可預見的節奏和郊狼不可預測的歌謠，交織成一種大異其趣的對話，聆聽這組動物和機械的怪誕二重唱，我敢肯定，自己所聽到的，不僅是表現這個山谷最真實的背景音樂，同時也是自然和人工世界之間即興交流時所產生的一篇樂章。要是在那個時刻我的腦中還掛念著工作、健康、金錢或孩子的幸福，或是出現任何不請自來的種種煩惱，這首遠方交響樂勢必會將這些日常憂慮轉化為一種更為原始的焦慮。在我試著想要找回睡意之際，我所能想到的，是恐懼感在界定我們是誰，以及衡量我們所為時，竟是這麼的重要。

「原野讓心靈平靜，因為它不需要任何幫助，」愛德華．威爾森這樣寫道：「這超出人類的能力範圍。人會用原野來比喻無限的機會，這是來自於遠古部落的記憶，那時候，人類往世界各地散播，從一處山谷到另一處山谷，一座島嶼到另一座，堅信在地平線的遠方有無止盡的處女地。」[10]然而，如今我們陷入一個現代性的悖論中，抱持著應當調整、培育野性的想法，認為當中的某些特性必須加以教化、管理與改造。我們大多數人完全失去了對野性意義的認識，其神秘面紗、豐滿的意含以及不可捉摸的特性，全都從我們的生活中消失了。現在之所以還有荒野地區的存在，純粹是來自精心策劃和保存的結果，而郊狼的神秘形象似乎正適合用來擔任這個新區域的品牌大使，牠的叫聲輕易傳達到我們耳中，因為這是一種原始的提醒，是將這個古老聖地轉化成一種聲音形式的紀念品。

我又想起那一個晚冬午後，徘徊在林地的郊狼。我無法確定牠的年齡和性別，我不知道牠在尋求什麼，也不清楚牠的意圖或目的地，但我完全明白，在那個瞬間，我看到一隻既熟悉又陌生的動物。牠的體型、身材比例、參差不齊的灰色皮毛，耳朵抽動的方式，都是犬科的特徵，這意味著在遺傳組成上，牠和我們所熟悉的寵物十分接近。然而，牠們具有更多的野性，跑得更快更遠，並且無視於我的存在。弗洛伊德將「詭異」（uncanny）定義成一種已知、但還是保有陌生特質的狀態，郊狼就帶有一點這種況味。身為一種令人不安的野生動物，即便是我們已經認識了一些牠的特性，還是難免會產生恐懼感，而令人特別不安的是，已知和未知竟然同時並存，作用在這樣一種生物身上；我們認為正好相反的兩種特質，就這樣在郊狼身上聚合起來。也許是我們自己繼承到的種種本能衝動，讓人對郊狼的基因重組如此好奇。我想我們對郊狼的痴迷，也許與在牠們身上兼具的馴化和野生特性有關，既有吸引力，又有排斥力。郊狼的嚎叫能夠如此輕易地讓人毛骨悚然，可能是因為在我們的內部，都還保有一塊小小的邊緣地帶，任由牠們棲身。

CHAPTER

7

進入小溪的鯡魚

Herring into the Brook

任何對願望、期望、失去或遺憾有點體會的人，怎麼可能拒絕一份每星期只要站在橋邊兩次、每次花十五分鐘觀察橋下溪水的工作？

瓦平傑溪（Wappinger）是道奇斯郡最長的一條溪流，起點位於北部史提辛（Stissing）山腳下的湯普森池塘，一路往南流約六十六公里，進入哈德遜河。這條溪的支流眾多，獵人溪（Hunter's Brook）是其中一條淡水的小溪，在離哈德遜河沒多遠的地方流進瓦平傑溪。一座小橋橫跨在獵人溪與瓦平傑溪的交會處，通常可以清楚見到暗沉清澈的小溪與混濁的鹹水交會時的界線，水體截然不同，一分為二，相當分明。這道水中邊界不斷變動，取決於降雨量、小溪中的淡水量，來自哈德遜河的潮水量，以及淤泥在受到擾動之後重組的狀況。站在在獵人溪的橋上，或許最讓人感到不可思議的，就是在這個地方竟然可以看到水同時往兩個不同的方向流動。水面上有一層由春季花粉、浮葉或是一些暴雨溢流形成的泡沫，可能會隨水沖到下游，在同一時間，光線則捕捉到潮水進入小溪時水面上起的波紋。

此處謎樣的流水讓它成為一處適合觀察鯡魚遷移的地方，因為鯡魚本身也是一個謎。鯡魚是迴游性魚類，大部分的時間都生活在海裡，但是產卵時會返回淡水。沿著大西洋海岸，從佛羅里達到紐芬蘭，牠們每年春天本能地返回出生的支流。然而近年來，洄游鯡魚的數量不斷減少，這可能是因為興建多處水壩、天敵族群增加、過度捕撈、水質破壞或棲地喪失等種種因素所造成。紐約州環境保育部的哈德遜河河口計劃和哈德遜河漁業部以及學生保育協會一同合作，試圖建立起對這不斷變化的洄游模式的一些基本認識，於是他們在二〇〇八年設立了「河流鯡魚志工監測計畫」，協助收集鯡魚回到這條支流的產卵習性以及可能影響牠們的相關環境因素。到二〇一一年時，共有兩百七十四名志工參與監測的工作，樣點從南部的鋸木廠河到北部的波伊斯頓基爾溪（Poesten Kill），一共有十二個。

這份工作需要的只不過是專心一致而已。志工並不需要捕撈、測量鯡魚，或是稱重，僅僅只是觀察而已，如果可能的話，再加以計數，基本上用不到什麼高科技，硬是要說的話，就是偏光太陽眼鏡和溫度計而已。計畫要求志工在四月初到五月底的這段時間，每週兩次，每次十五分鐘，在哈德遜河的這條支流上的十二個樣點的其中一個，觀察鯡魚是否有出現，並記錄下來當時的潮水高度、水溫、氣溫、雲層覆蓋度和降雨量。調查表上還加了一欄「其他資訊」，當中可能會記錄雙冠鸕鶿、麝鼠和家燕以及岸邊疲憊不堪、百無聊賴的垂釣者；也可以記錄下當你在尋找的動、植物沒現身時，看到的其他事物，或者，也可充當在這份一絲不苟的目錄中，為直覺觀察留下的一個欄位。不過，在這項觀察中，最重要的工作是在確定鯡魚的存在：有，還是沒有，如此而已。在這個數位化的時代，視覺資訊大舉向我們襲來，無論是圖像、圖形還是標識，無止無休，試圖將事物看得一清二楚的心態似乎也與此趨勢相得益彰。

哈德遜河的下游河口處自有一套潮汐週期，因此各個支流中的水流也會出現小範圍的潮汐。而在二〇一一年四月上旬這個上午的滿潮期間，這條小溪的渠道是一片暗綠色，水面下的一片礫灘甚至接近泥濘的色調。這個地方有來自三處的水體，它們彼此相當接近，水流的聚合以及河床的樣貌受到不斷變化的潮汐、海流、降雨與融雪等組合起來的作用，從來不會完全一樣；河的結構總是不斷在重建。幾天後，隨著退潮，礫灘似乎在幾分鐘之內就變得完全清楚可見。但是在那時，已是春季開始的第五天，在小河的遠處，臭菘已經冒出嫩綠色的芽，彷彿是一道生動的彩色裂痕，從其後方的棕褐色樹林裡兀自蹦了出來，悍然宣布這個季節的新前線。

在我前去小溪的路上，會經過好幾戶人家，他們的花園裡，開始綻放出一叢叢的連翹（forsythia），而我一到那裡，一個正在甩釣線的垂釣者告訴我有灰西鯡（ale-wives），也就是第一波洄游的鯡魚。牠們通常是在連翹盛開時抵達。這就是物候學，是研究自然界的事物如何依據規律、可預測的週期而開展的，基本上可說是在探討自然萬物的季節嬗遞，近年來，這成為氣候變遷研究中很有價值的工具；當時序對應遭到破壞，會連帶損及食物鏈，影響到物種的存活。不過我自己最喜歡物候學的一點，是其揭示出季節性活動之間的巧合，展現了這樣任意的對應關係，比方說如連翹和灰西鯡這樣一組出人意外的配對關係。在進入春季的幾個星期後，紫丁香花開，這在傳統上是藍背西鯡到來的訊號。樹唐棣是一種常見的灌木，當盛開白花時，往往就是西鯡出沒在哈德遜河的時候。我確信，我們衡量萬物的感覺就是源自於這樣的時間序列和同時性，因此，這樣令人驚喜的對應關係也由此迸發出來。但若是小溪因為融雪而保持高水位，而且顏色開始與樹林靠攏，那麼就難以見到鯡魚的身影。氣溫在攝氏四、五度上下，而水溫低於十度，這些都是推測鯡魚開始產卵的溫度閾值。

季節的輪轉從來不明確，四月的哈德遜河谷也是一段不連續的時期。四月十一日，在一陣大雨過後，樹林依然呈現光禿禿的褐色，儘管樹林裡，野薔薇的葉子已蓄勢待發，就像是樹林裡飄起一片綠色雲霧。一夜之間，草坪變成翠綠色，一叢叢螢光的蒲公英，在經過漫長的冬季後，散發著有點詭異的光亮。樹木已處於萌芽狀態，儘管還看不到葉子。不過，溫度計已經指向二十六、七度，空氣黏呼呼，六個月以來第一次感受到夏季的氣息，現在只有可能是雷雨雲從西邊移動過來。毫不意外，水溫也相應而升，超過攝氏十五、六度。一直到傍晚，我才抵達小溪，那時溪水處於漲潮的狀態，正緩緩地注入瓦平傑溪。

溪水下有一條巨大的鯉魚正悠悠地沿著河底游著，片刻之後，又見到一隻麝鼠沿著橋邊鋪設的混凝土堤岸下滑。這兩者都是實實在在的生物，但片刻之後，水面下起了一點漣漪，一片陰影掠過河床上的石頭，是一道閃光或一片虹彩，在水中的速度顯得更快。然後，我看見牠們了，五隻、十五隻、或二十隻纖細的魚，背部散發著黑色的閃光，腹部則是透明的綠色，頓時溪水變得微光閃閃，鯡魚前進時會造成一道道閃光和波動，在牠們專屬的水流中彎曲和扭動。現在我明白，牠們的特點並不只是形狀或大小，還有其運動的方式和速度。鯡魚的體長約二十五－四十公分，長有一個小背鰭，尾部分叉，鰓蓋後面有個斑點，不過這些特徵僅吸引我們一半的注意力，另一半注意力則是牠們在溪水中繞圈和旋轉時的節奏和模式上。

這時已是黃昏時分，隨著水的能見度降低，我已經無法從鯡魚鰓蓋後方的斑點來判斷牠們是灰西鯡還是藍背西鯡了。但溪水的轉變、散發出的微光以及水面的扭轉和波折都在在說明牠們的到來。科學家推測，這些洄游的鯡魚可能會利用漲潮，借力使力，順勢游進淡水的溪流中，現在看著這群活蹦亂跳的鯡魚，難免會想像牠們也是乘著河流的潮水而來，在今年第一個炎熱午後的尾聲，歡慶自己的春之祭。調查表提供的選項從〇開始，然後是一－一〇、一一－一〇〇、一〇一－一〇〇〇，最後則是一〇〇〇。我知道牠們有十幾隻，但牠們的移動迅速，而且來去匆匆，我難以確定自己看到的是同一群魚來來去去，不斷盤旋，還是一群接著一群游進這條小溪。倘若我所要觀察的僅是鯡魚的有無，很明顯，這條小溪的狀態已經徹底改變，從無到有。

然而，一星期後，當我在上午的晚些時候前去小溪時，卻什麼也沒看見。要訓練我的眼睛在流動的河水中尋找魚的身影必須要改變焦點。讓眼睛順著小溪流入瓦平傑溪的方向看去，是很自然而然的。但鯡魚是逆流而上，進入支流的，要找到在水中逆流游動的東西得付出一種奇怪的視覺努力，需要採取腦眼協調的瞇眼動作。即使能做到這一點，漲潮加上前一晚的大雨所攪動的泥沙，小溪現在是泥漿滾滾，能見度變得很差。水面上還浮著一層薄薄的氣泡，可能是暴風雨造成的溢流所殘留下來的，這又讓小溪變得更為混濁。高漲又快速的河水會創造出其自己的能量和節奏，在溪上快速飛來飛去的燕子又為這幅畫面更增添了一份動感。也許是下游的滔滔洪流阻擾鯡魚逆流而上；也許牠們已離開這條河，等待水域平靜，或是高漲的潮水提供一份進入上游的助力。又或者是暴風雨帶來的洪水阻止牠們抵達這條支流。總之，眼前這片陰暗的溪水是不會提供答案的。

在安妮・迪拉德（Annie Dillard）的散文〈觀看〉（Seeing）之中，她寫道：「一切的關鍵就在於睜大我的眼睛。大自然就像是給兒童玩的線條圖形：你能找到藏在樹葉中的鴨子、房子、男孩、水桶、斑馬和靴子嗎？專家才可以找到那些精心設計隱藏其中的東西。」[1]現在望向這片溪水，這段警語從我心底冒出。我想起去年四月所看到的那幾座混濁的看天池。今天的這條小溪也一樣深不可測；也是什麼資訊都無法提供的水。就算真有鯡魚在水下游動，成群結隊地在那裡擺動和扭曲，我也看不到牠們的蹤影。「熱衷此道者可以看到，知識淵博的也可以，」迪拉德這樣寫道。[2]雖然我知道她這樣說很有道理，我也能夠想像，在這樣的情況下，可能要具備「知之」和「好之」之心，才能觀察到重要的事物。

潮汐表是一種讓人看了很舒心的表格；當中一排排的數字排列整齊，彷彿訴說著我們已經設法在一片混亂的洋流中尋找到某種秩序。然而，有時它的格式可能會造成混淆，這通常與表格的間距有關。日期、水位，時間、滿潮或乾潮，所有這一切都簡單明瞭，有時在對齊這一行行的資訊時，很容易將潮流狀態以及與它相對應的時間混淆。我所用的這份表格來自國家海洋暨大氣局，就有容易誤導人和令人費解的配置，我得要一再檢查我的觀察記錄。我想，這正是一個很好的例子，足以說明「文件」本身能反映經驗本身的性質，事物之間的空間很容易遭到輕忽。在四月底的一個上午，潮水剛進入獵人溪，在溪流和河道之間移動。小溪和小河交匯處的界線也不斷在改變，成群的鯡魚敏捷地來回游動著，讓人難以估計其數量。需要投注一些額外的注意力來讀取圖表，或是判斷這是漲潮還是退潮。在我們所想像、眼力所及和能力所為的這些不斷變動的空間中，彰顯出其中的不確定性。我回頭望向河水，這時一片雲經過太陽，突然之間河水又變得黑暗，難以望穿。「觀察精確就相當於是思維精確，」英國浪漫主義詩人華萊士．史蒂文斯（Wallace Stevens）在《箴言錄》（*Adagia*）中如是寫道，在我看來，這些話語正是詩意猜想和科學探究之間存在有超乎我們所想像的相似性的絕佳證據。

這堂關於注意力的課，教導了我們：我們能看到什麼取決於能見度，並不是發生什麼事情我們都能看到。這些條件是會變動的。潮水可能很低、陽光燦爛、河水變淺，但還是什麼也沒有看到。在一個灰濛濛的日子裡，當潮水湧來，小溪的濁度似乎隨著每一分鐘過去而加劇，溪水變得越來越深、越暗，越混濁。這可能是水的問題，但與水的透明度無關。我在想，到底要花多久的時間才能看到東西。十五分鐘好像是個很好的答案。

小船發動之際，有幾個人正準備好要在這個下午前去捕魚。他們告訴我河鱸和刺蓋日鱸之類的魚都是很容易下鍋煎煮的美味。我問他們是否看到鯡魚了，當中一個比較年輕的，搖了搖頭，對我說：「我在這裡釣了一輩子的魚，從小到大，但每年看到的鯡魚越來越少。」他七十幾歲的父親補充說道：「牠們過去在水中擠得滿滿的，你甚至可以踩著牠們過河。」我們的幾句交流，儘管簡短，卻讓人回味再三，正好可以作為一種稱為「基準轉移症候群」(shifting baseline syndrome)的例證，這是一種因應變動而不斷持續調整對生態條件常態的期待。外在環境不斷變化，這導致接下來的世代調整其對自然世界的期望，也許是因為某一物種的減少、降雨量或降雪量的改變，或是溫度的變動。移動的方向通常是往下的：在老漁夫的記憶中，他的標準是豐收，但他兒子見證的魚群量則是稀少。我想起了南西和我在河中試圖清除那一片片菱角的場景，這些雜草現在正標誌著一個新的常態。

我開始思索起觀察和記憶之間這份奇妙的連結。在我們家遭闖入後的幾個星期後，我仔細端詳過一長串嫌犯的照片。我記得那是在一個冬天的早晨，我也記得是在自家車道上看到竊賊的。但幾週後，我幾乎無法將放在眼前的照片和我記憶中的那些畫面相對應。我依稀記得竊賊的一綹頭髮、臉頰上顴骨的走向，或許還想得起他的表情，但除此之外，什麼都沒有。證人的證詞是很容易出錯的，而記憶也很容易受到影響。在每年所取得的七萬五千份證詞中，有三分之一都是不正確的。我們很容易分心又太過看重細節，而且我們很容易受到誘導。我回頭看著水中的陰影。即使是親眼所見，還是會有弄錯的可能。

然而，這是人類感知的一個悖論：遺忘也是認識的一部分。我的父親是個記者，還曾經當過戰地的通訊記者，熟知記錄事實、筆記以及獲得正確詳細訊息的技巧。然而，他不止一次地告訴我，人的大腦是一台用來遺忘的機器，關於人類思想最神奇的地方在於竟然能夠自然地丟棄這麼多的資訊和經驗。因此建檔和保存就顯得至關重要，但刪除也是。我現在又想到他說的這些，並且揣測人類的想像力是如何做出選擇與取捨。在四月的這個下午，這些選擇的方式似乎就如流水一樣快速，照亮了這些洄游魚類。

我往橋那裡走回去，望著溪水一段時間。看到一位名叫丹尼．莫法特（Danny Moffat）的人在二〇〇八年一月時留下他的簽名，就在橋的鍍鋅金屬欄杆上，儘管現在名字中的幾個字母的顏色已經褪掉了，這幾個星期以來，我都將我在橋上浮現種種想法的時間當成是與丹尼．莫法特的會談，他成了我這份「存在與否」觀察計畫的小小吉祥物。我猜想人有那種衝動，想要留下自己的痕跡，像是那樣的簽名或標記，似乎總是會出現在這類需要等待的地方。不知道他是不是有讀過波赫士的書，也讀到「在暮色中行走，或是在寫下過去的某一天時，身而為人的我們竟然從來沒有感受到已經永遠失去某些東西了？」[3]或許這位丹尼．莫法特已經體會到這一點。在這裡，他的存在顯得難以捉摸，似乎很適合用來呼應我們這份觀看的工作，無法確定是否真有鯡魚洄游。

幾天後，我幾乎可以確定應該會看見洄游的鯡魚。有一陣子沒下雨，小溪中的水退去，現在正值漲潮，空氣相當溫暖，陽光和晴朗的天空讓水面看來閃閃發光，十分清澈。山茱萸和木蘭開始綻放，柳樹的垂枝也開始轉綠，空氣中瀰漫著春天的柔軟姿態。然而，這一次，還是什麼都沒有。在這幾次的造訪中，我在重複和訝異之中體會到一些迷人之處，在熟悉和意想不到的交會中找到一種節奏，我向一個有時和我一同在橋上觀察的朋友波莉提到這一點，她說：「但這也是種等待，這是這整件事讓人得以沉思的緣故。你只是不斷回到同一個地方。你知道有些事情會發生，但你不知道是什麼事。」

我張大眼睛，企圖看穿溪水，多麼希望牠們真的存在，在這個我自己搭蓋的幻想世界中，我幾乎看見牠們了。上一季留下來的大片棕色橡樹葉，往下游漂動，在河床上創造出令人難以捉摸的陰影。陽光透過扇形的水面，在河床上形成波紋，與岩石的影子混合在一起。水面下的世界是一齣任憑幻想來編排的舞碼，很容易在其中找到鯡魚發出的那道難以捉模的虹光。河邊的那些釣客猜測，鉤狀的礫灘可能阻擾了鯡魚迴游到小溪的路。在那週早幾天的一個下午，一位帶著他兩個年輕兒子的漁人推測，近來流行起釣條紋狼鱸，主要是拿鯡魚當作誘餌，牠們可能因此遭到大肆捕撈，所剩無幾了。現在我有兩項關於牠們在此缺席的新解釋，至於是否真是如此，就不得而知了。我所知道的只是當我們要解釋為什麼我們所要的東西不在那裡時，我們的想像力是十分豐富的。

對科學家而言，不確定性有一精確的含義，和數據的變異有關。不確定的程度是數據集裡等待我們求解的未知數，而且，儘管這件事說來很詭異，但我們可以非常精確地來測量這種不確定性，通常是以百分比來表示。就像「信賴」和「顯著」，這些詞彙也有都有其確切的定義。對於大多數人來說，「信賴」這個詞僅是一種個人判斷。但是對科學家來說，它具有統計學的意義：數據的信賴區間反映出數據集所有數字的相似性，並且只有在數據點達到百分之九十五的一致性時，才能夠由此做出結論。同樣地，在科學上講某樣東西具有所謂的「顯著」意義時，是唯有在它符合確切的數學特性，或是當數據的信賴區間達到百分之九十五以上。在科學中，除非數據經過統計分析，顯示出一特定的值，不然沒有什麼是「顯著的」。[4]

在這個四月的早晨，竟然可以用這樣一絲不苟的方式來量測「疑慮」，對我來說，這才是一個不可思議的謎。我將河面下的這些閃亮的銀色緞帶想像成是洄游的魚。或者，也不是。若是尋找鯡魚是在區分一種存在還是不存在的狀態，這無異也是將魚的現身從觀察之中區分開來。在波光粼粼的水中，我現在明白尋找鯡魚是一種試圖將那些難以捉摸的消逝事物定位下來的練習，也許，有點接近雙重否定的意涵。也許，這意味著牠們依舊是存在的，當然我知道這樣的文字遊戲在這裡難以為繼。

我想到了我母親在我和妹妹都進大學後，曾經去上過繪畫課。她那時開始有些空間時間能夠做些其他事情，或者，就跟她數十年後的女兒一樣，也只是想要學會觀看的方式。在她的班上，老師要她花四小時來畫一顆橘子，六小時來繪製布的摺痕以及十二個小時素描一顆男子頭部的雕像。她自己學會要如何區分形狀、空間、陰影、質地以及光線。她花了好幾個小時畫一片生菜的葉子。她把她的速寫本帶回家給我父親看，要他告訴她看到了什麼。他盯著它，認真地看了良久，最後轉過頭對她說：「我覺得這是一枚胸針。」這成了我們家流傳很久的笑話，部分原因是伴侶間的差異，部分是因為這證明了，儘管我母親在繪畫上經過長久的練習，而且自我要求很高，即使是在他們這麼長久的婚姻中，對一個人來說拿來做沙拉的東西，在另一個人眼裡卻是一件珠寶。

現在我知道，我每週在溪邊的時間，也就是在一週的一萬零八十分鐘裡的三十分鐘，我只是在觀看有什麼事情會發生。我也知道在剩下的一萬零五十分鐘裡，我只會看到我想要看到的，或是我希望或期望看到的，所有這些我們為自己構想出來的小策略，都是為了讓我們在弄不清存在與否的狀態時，擁有我們所想要的，相信我們願意相信的。這三十分鐘是一項觀看存在的練習，這是一項要加以控制的運動。後來，我又想到我所希望看到的以及那兩位搭著自己的小船前去釣魚的人，還有站在橋前面、不知為何想要留下名字的丹尼．莫法特，以及那些可能正在等待河水退去、天氣溫暖或潮水上漲的鯡魚，然後，我繼續想，要是我們每個人都能得到我們想要的東西，又會是怎樣的情況？

當鯡魚終於洄游至此，其數量已經不及我三週前親眼目睹地那樣密密麻麻了。此時水溫已然上升，在夸薩亞克溪（Quassaic Creek）、非許基爾溪（Fishkill Creek）、莍基爾溪（Saw Kill Creek）、漢納夸溪（Hannacroix Creek）、布萊克溪（Black Creek）還有瓦平傑溪都紛紛傳來有人目睹到大量的鯡魚。藍背西鯡以及灰西鯡都出現了，而且目擊的情況可望不斷攀升。不過在獵人溪這裡，牠們是在五月初一個溫暖、微風徐徐的日子裡出現的，一小群一小群，為數不多、疲倦無力地游著。那時的水也很平靜，春雨已經平息下來，正值退潮。當雲掠過太陽，小溪的水面變黑，幾乎無法看到水面下的任何東西。兩個來釣河鱸的釣客發誓說完全沒看見牠們，我也差點就錯過牠們的身影。幾星期前，牠們第一次到來時，鯡魚在水中騰躍不已，但是抵達的第二波顯得沉穩許多。缺席也可能轉變為現身，但牠們的數量依舊不多，斷斷續續地出現。這樣的上場節奏，當然與原先期望的完全相反，不過這可能就是之所以要帶著數據表去到那裡的原因。

我前去小溪的最後一個早晨，又熱又悶，感覺更像是七月天，而不是五月底。此時正值漲潮，陽光明媚，但幾個小時前的一場大雨再次攪起了獵人溪和小溪的溪水。結果，根本無法觀察水面下的動靜，只看到紫尾舞蟌點水而過。刺槐花的花瓣往下游方向漂流，還有一層來自附近楊樹的花粉。我知道這些並不是監測計畫中需要觀察的目標，但我早就意識到，若期望能看到鯡魚，我在挑選小溪的時機時，通常就不可避免地就會選在陽光明亮、溪水溫暖以及漲潮的時候。尋找東西，只是基於人的本性，才會試圖想像在哪些條件下最有可能找到它。

後來我得知，在整個春季，一共有七百一十一人次的志工在這十二個樣點進行過觀察，當中有一百七十九次記錄到鯡魚的蹤跡。目擊到鯡魚時的水溫，有百分之八十九是在當水溫高於攝氏十度的時候，而且位於河流可感潮的最上游處＊，漲潮時，看到鯡魚的機率增加了百分之七。這些都是眾所皆知的事實。不過，我在想，和我一起參加這項觀察鯡魚的人是否和我一樣，認為鯡魚並不會在符合人所預期的時機到來。到那時，我漸漸明白水的清晰度並不總是能彰顯出一切。在水體濁度

＊編注：head of the tide，河流可感潮的最上游處，比如台北「汐止」或「水返腳」就得名於該處乃基隆河可感潮之最上游，中文又稱「潮頭」者。

「一般」的情況下，更容易看到鯡魚，而不是在水體透明度達到「絕佳」的時候；牠們可能在水的能見度降低時，較容易向上游移動，這讓牠們能夠得到掩護，不會輕易為掠食動物發現。

但今天，完全無法看出牠們是否在這裡。小溪旁的一條小溝裡，鯉魚正拍打著水面，牠們的舞蹈創造出隨意的漣漪。我再次往水面看去，也許這樣一種監看，端詳我們眼前看到的世界，認識其存在的樣貌，乃是一種想像力的發揮。博物學家約翰・巴勒斯（John Burroughs）寫道：「要養成觀察的習慣，就要養成明確、決定性的凝視習慣；不是隨意偶然的一瞥，而是眼睛穩定而刻意的看著目標物，才能發現珍稀特有的東西。必須全神貫注地看，牢牢盯住你的目標，多觀看，而不光只是從流隨俗地做些一般人做的事。」[5]

他這段對觀看的見解是在一百三十多年前提出來的，顯然是來自另一個時空。現在我們似乎著重在被觀看而不是觀看本身。不過在我五十好幾的年歲，我經常感受到自己似乎披了一件隱形面紗，別人對我的漠視並不完全是不受歡迎的意思。在這個暮春的午後，我知道觀測活動的末了會引領我們前往一個更有希望的地方，能夠擁有一雙穩定、悉心端詳目標的眼睛是件值得感激的事。我知道這一點，我對此的信賴區間高於百分之九十五。有時，光是簡單記錄鯡魚的存在與否，以及牠們現身的條件就足夠了：一隻燕子沿著小溪表面掠過，一隻大藍鷺倏地飛到對岸，水位在退潮時難以察覺地下降。在水的邊緣，不論是哪裡的水邊，只有傻瓜才不希望成為認真觀察留意的人。

然後，我開始認為這是我可以再回來的地方，也許我不會知道驅使鯡魚回到這支流的真正原因，也不會知道究竟是礫灘、水溫還是因為掠食者的關係，而讓牠們難以回來。但我知道，站在橫跨獵人溪的這座橋上十五分鐘，是我培養專注力的絕佳練習。這是一個隨機但合理的區間，既不多也不少，我試著想像在未來的這些時刻，當我必須做出決定或是拿到疾病診斷書時，當突然之間獲知什麼重大的訊息時，當我能夠找到回到這裡的方式，或是我可以想像自己站在這座橋的時候。整整十五分鐘，我將會嘗試區分水和光、陰影和魚體、事實與發想、考慮能見度的條件，辨認出可能正在轉移的基線，以及最重要的，看看那裡有什麼。

CHAPTER 8
沼澤中的千屈菜
Loosestrife in the Marsh

年少的時候，有時我會和一位老婦人一同喝茶，她是我母親的朋友培根夫人。培根夫人獨居，我母親心想，若是能讓一個十七歲的女孩和一位七十五歲的女人，一起討論書籍，那就再完美不過了。如今，幾十年過去了，我能夠想起的書籍或談話實在不多，但我至今清楚記得，有一個下午，在我們聊完，並且喝完那杯茶後，培根夫人帶我走向窗口，俯瞰道奇斯郡寬廣的草原。那時正值夏末，毒麥和梯牧草的顏色鮮明，還有菊苣、野胡蘿蔔和紫澤蘭。她拉開門簾，像草地揮了揮手，然後轉身對我說：「哦，親愛的，你絕對不會相信今天早上我在這裡看到了什麼。我就站在這，望向窗外，在田野的那一側，看到一隻俄羅斯山貓＊。我不知道牠是怎麼從俄羅斯一路來到這裡的，但牠真的到了這裡！」

到今天為止，每當我開車經過那片田地，就會睜大眼睛，尋找俄羅斯山貓的蹤影。不過，今天，這裡已經是一處不同的風景，現在那裡的景觀正好可以說明美國東北部的土地利用變更狀況。在一九七〇年代，這塊草地被地方上的某位農民拿來放牧乳牛，但之後這塊地被幾個地主分成好幾處的建地，在當中蓋起幾間牧場小屋，在他們的庭院還栽種有觀賞果樹和小雲杉。柳樹和美桐沿著小溪生長起來，原本砂石礦的坑洞現在成了一座粼光閃閃的大池塘。雖然我還沒有看到山貓在高高的草叢中跳躍，這塊地已經進駐了另一種異國風情。只要是土地濕潤，沼澤與池塘相會的地方，就會見到四處奔放的千屈菜。

千屈菜在七月底或八月初冒新芽，一枝枝地分散在四處。不到幾天的時間，高大的穗狀花序展開來，滿佈在沿路的溝渠中，田野裡本來死氣沉沉，突然被一抹洋紅畫過而顯得生意盎然，就這樣，再次勾勒出此片地景的輪廓。只要有一丁點水分、一片沼澤、一塊濕地、一處池塘地，或是一處湖泊或河流的邊緣，大地就會在突然之間，為這些充滿活力的紫色所轉化。到了月底，馬路對面的沼澤地已經成為一片濃密洋紅色的穗狀花序叢，有的長到近三公尺高，而且往往排擠掉原本長在那裡的香蒲和薹草叢。這現象有時稱之為單型植物群叢（monotypic stand），意味著此處是由單一物種所獨占，但在某個朦朧的八月清晨，千屈菜看起來更像是從天剛破曉時，流連忘返在人間的雲朵。

從顏色來看，就像主教、王室、皇城大門一樣，千屈菜也帶著類似的權威感，

＊編注：Russian bobcat，其實沒有這種山貓。Bobcat（短尾貓）只有一種，產於北美。這裡是作者描寫一個老太太以其認知跟記憶所拼湊描述的一種不存在的生物。這種情況其實常見，比如當聽到有人說「北極的企鵝」，事實上北極沒有企鵝。

就連對花的描述，都暗示著它們具有植物界攝政王的地位：「花序」（inflorescence）這詞是在描述一根莖軸上花朵成簇排列的狀態，以千屈菜來說，花有五到六瓣，掛滿莖桿，這莖桿最長可達四十公分。不過之所以讓人感到它具有尊貴崇高的等級，不僅是因為它的色彩，也是因為其蔚為可觀的數量。千屈菜的每一枝莖上可以長出多達五十根的小莖，每年可產生兩、三百萬顆種子，經由風和水迅速傳播開來。美麗和頑強向來都引人注目，而最能展現出它們這兩項特性的地方，就是夏末的哈德遜河谷濕地。

一般認為這種多年生植物大約是在兩百年前引進美國的，當作觀賞和藥用植物，用來治療腹瀉、痢疾、潰瘍以及各種瘡傷，從那時起，它們就在植物界以強韌著稱。就如同其他多數外來植物一樣，到達外地時，沒有遇上什麼天敵，能夠迅速成長。再加上具備迅速傳播的能力，千屈菜似乎更勝本土植物，壓制原生的香蒲，取代當地的野生生物，所到之處，通常都會造成生物多樣性減少。像是長嘴沼澤鷦鷯、美洲麻鷺和黑浮鷗等水鳥族群，一般都認為千屈菜對其有不良的影響，在某些地方，甚至導致其滅絕。一份一九八七年關於紫色千屈菜防治的報告提到它對原生植被產生災難性的影響，也因為破壞動物的繁殖棲地而威脅到那些日漸稀少的脊椎動物，還造成水鳥族群嚴重減少。[1]千屈菜和那隻俄羅斯山貓不同，山貓在初夏清晨的陰霾中瞬間閃入人的視線，好吧，或至少是潛入一個女人的想像中，而千屈菜的存在感卻變得越來越強，越來越明顯，而且更為持久。

不過，儘管是這樣說，最近幾年對千屈菜的觀點已經有所改變。自一九九〇年代中期千屈菜在紐約州茂盛生長以來，已經受到一種生物防治法的控制，透過一種春季時雌蟲會在千屈菜的莖稈或附近地面產卵的食葉甲蟲，來啃食其幼苗的莖葉。甲蟲不會完全根除掉千屈菜，因此現在經常可以在濕地看到千屈菜高聳的花穗豎立在其他沼澤的花與草之間。

擔任位於紐約安南岱爾（Annandale）哈德遜的巴德學院（Bard College）執行長艾里克．基維亞特（Erik Kiviat）將其大半的學術生涯投注在紫色千屈菜及其分佈區域的生態研究。當我前去他位於巴德的野外辦公室拜訪時，他告訴我他是在哈德遜河谷長大的。約莫是在一九六〇年代，他還記得童年時，每到夏末可以在他家的池塘裡看到千屈菜開花，還有紅翅黑鸝在其中築巢的場景。他講起話來輕聲細語，是那種有信念的人經常採用的語調：「那時我看到紅翅黑鸝實際上比較偏好香蒲，它們比千屈菜更為穩定和堅韌，能夠承受得起更多的損害。此外，千屈菜的莖桿上長有很多蟲子、飛蛾和蝴蝶。」多年以後，在一九七〇年代初期，他成為一名科學家，在道奇斯郡北邊的提摩利海灣（Tivoli Bays）進行田野調查，那時，他觀察更仔細。基維亞特注意到，「對雜草的研究往往只著重在它們的負面效應，」但他則對這種植物所能觀察到的一切特性，以及超乎預期、世人尚未認識的其作為棲地功能的特性大感興趣。

千屈菜真如我們所設想的那樣是個侵略者，亦或是在這瞬息萬變的生態世界中的競爭者？這樣一種看似掠奪性的入侵，難道不能看做是一種因應外在條件變化，好比說是氣候暖化、棲地喪失而產生的頑強適應力，或是在需要水分才能茁壯的植物的例子中，因應地區水分流失的模式所產生的改變？這難道不能解讀成環境遭到破壞的訊號？又或者是它可能成為一種新的生物多樣性的催化劑？最後一點，難道不是因為我們自己不良的土地使用決策才促使其繁盛於原來沒有分布的區域？

基爾亞特發現，儘管產生了一些負面影響，「但紫色千屈菜並不如人們想像的那麼糟，它是一流的蜜源植物，在其他來源都乾枯時，可當做蜜源。它們耐旱而且花蜜產量多，吸引許多熊蜂，不過近來蜜蜂變少了。」到了九〇年代末期，基維亞特鼓勵志工觀察紫色千屈菜，不僅是在哈德遜河谷，也包含美國東北部的其他區域。這群志工的多樣性很高，有退休人員、教師、各年級的學生以及各種有空閒時間的人士，他們要判斷這些樣點所在位置是城市、郊區還是農村；是位於潮間帶，還是非潮間帶；水深多少；以及該植群是濃密、稀疏或混合其他植物。此外，還要求他們尋找動物的足跡、巢穴和繭，尋找鹿經過的證據，以及蝴蝶和飛蛾。而且，他們也發現，千屈菜經常成為其他生物的棲地。發現毛蟲在千屈菜叢中啃食，浣熊在其中覓食，還有麝鼠於其間築巢，木蜂在當中徘徊，還有紅翅黑鸝在其中築巢。

他開始注意到，在評估一叢紫色千屈菜時，最困難的一點，不在於我們所看到的，而是我們期望看到的。我們本來就帶有成見。「大家一遍又一遍地聽聞，有紫色千屈菜的地方，就沒有其他生命。如果你不認為你會有所發現，為什麼還要去尋找？許多人認為那裡是一處生物沙漠。」基爾亞特看重未受訓練之眼的價值，強調當知識和期望被好奇心所取代、當理論被偶然所取代時，人所能看到的。他的觀點擴展成一種對非選擇性觀察的呼籲。當人去看鳥、蝴蝶、蜻蜓或野花時，他說：「這會產生排斥效應。牟氏水龜是真的很難找到，我得要全神貫注。但是若你將你的感官劃分得太細密，就會錯過整體環境。」他所指出的，是關於要如何成為一個好的見證者的悖論，既要有觀察力和記憶力，還要降低預期心理，並拋棄既有知識，只有達到這樣的境界時，才能獲得一種能夠容忍修改的知識。

這可能是將志工觀察納入科學研究的有力論點之一：當志工加入計畫時，並沒有關於機率的先驗知識，他們可能會看任何的東西；不論是在科學中，還是在生活中，而當人們不知道他們要看的是什麼的時候，他們可能對偶然可能的發現抱持更開放的態度。也許，在這些偶然發現中，最有名的例子就是二〇〇六年十月，由維吉尼亞州阿靈頓附近的潘哈雷（Penhale）家的吉蘭妮和強納生這對姊弟的發現，當時他們分別是十一歲和十歲。這兩個孩子參與了主要針對年齡層介於五到十一歲的兒童所推出的「失落的瓢蟲」公民科學計劃，在期間他們發現了一種九斑瓢蟲，這是美國東部十四年來首次記錄到這種瓢蟲。

越來越多關於紫色千屈菜的研究轉變成探討其破壞力是否真如預期那麼嚴重。基維亞特在千屈菜當中發現紅翅黑鸝、美洲金翅雀、長嘴沼澤鷦鷯，以及偶爾在千屈菜莖桿中築巢的普通擬八哥。草甸田鼠會來啃食它們的根，烏龜則會趴在曬乾的扁平莖桿上，青蛙可以在其中找到藏身之處。許多昆蟲會來啃食其葉子，而蠅、蜂、蛾和幾乎所有種類的蝴蝶都會來吸取其花蜜。總體來看，基爾亞特一共記錄到超過兩百多種昆蟲、四十種鳥類，還有哺乳類、兩棲類以及蜘蛛，牠們全都以千屈菜作為棲地。

在一項從二〇〇五年執行到二〇〇七年觀察千屈菜的公民科學計畫中，麻州大學阿默斯校區的珍妮弗．福爾曼．奧思（Jennifer Forman Orth）也發現到類似的多樣性。她請參與她計畫的志工將所有發現到使用紫色千屈菜的動植物照片張貼在Flickr這個網路相片共享網站上。最後總共收集到一百九十五張照片，當中記錄著九十五種的蜘蛛、植物、蝸牛和昆蟲，這顯示出千屈菜有哪些部位為其他生物所利用：花、葉、莖，有時甚至是整棵植物；他們也記錄到哪裡出現餵食、交配和捕食的情況。這一切資料讓福爾曼．奧思對這種植物所下的結論是，它們可用作棲地，其花提供蠅、蜂和蝶吸取花蜜，還是其他生物產卵和交配的棲地，也是狩獵場和休息的地方。她指出，雖然這樣的計畫可能為了廣度犧牲深度，但優點是涵蓋廣大面積，動員整個社區，而且不會傷害到生物。

九月初的某天下午，基維亞特帶我到他野外辦公室附近的一個工作站，我們發現在千屈菜的草叢中，穿插著香蒲、一枝黃花、蘆葦、各種原生野草、紅花三葉草、矢車菊和白色馬鞭草。一小叢美洲黑楊的樹苗正努力在這個植物世界內嶄露頭角。這裡的千屈菜在夏天時已經刈割過，葉子上的小孔證明有甲蟲駐足過，雖然並不清楚到底是哪一種。儘管如此，在二十分鐘的時間內，基維亞特還注意到一隻蜘蛛正辛勤的織網，還有幾隻大型木蜂、一隻正在啃食花朵的日本豆金龜，和四隻大型褐色螳螂，牠們可以靠捕食千屈菜中的其他昆蟲生存。紋白蝶穿梭在莖桿之中，還有一隻銀星弄蝶。一隻蚱蜢停在葉子上休息。一隻跳蛛在雜草覓食，我本來以為是一個小光點的影子，仔細一看竟然是一隻食蚜蠅。一隻帝王斑蝶徘徊在附近的莖桿間。綠薄荷的香氣瀰漫在工作站之間。土壤較濕潤的地方，千屈菜凸起的根冠上還會長著四、五種苔蘚。

「一個世紀以來，植物與其周遭環境發展出一種複雜的關係，而且有許多引介物種從來就沒有造成傷害，」基維亞特說：「有很多，像是菊苣，完全是良性的。只有不到百分之一的外來植物具有破壞性。問題是，事先不會知道是哪些物種。」這一切讓人明白何以他對在生態詞彙中納入「入侵」、「干預」、「侵害」這些軍事術語和比喻，感到質疑。他認為使用這樣的詞彙，強化了需要將這種「侵略者」植物剷除的偏見。他比較偏好使用「原生」（native）和「非原生」（nonnative）等詞彙，「原生種或非原生種都可能入侵，」他告訴我：「這只是意味著其數量過多。」他還認為，那些長出大量千屈菜的濕地可能早就因為鹽份徑流、泥沙淤積、排水，或其他忽視生態環境的作為和濫用而受到損害，其成因主要是來自於不斷增長的人口對自然界造成的壓力。也就是說，非原生物種的擴散可能只是問題的症狀，而不是問題本身。

在這個全球化時代，世人日益關注要如何管理這些加速擴張的物種。雖然很少有保育生物學家會全然蔑視外來物種，但對於到底應該採取接納、還是根除的立場仍有爭議。支持前者的論點通常都著眼於真實世界的實用主義以及對生物多樣性的珍惜。這是一種將入侵植物重新定位成一種足智多謀的入侵者觀點，看重其彈性、韌性和適應性，並且能夠立足在因為人類使用、存在和管理以及管理不善而受到破壞的地方。人為干擾早就擾亂了當地的生態環境。按照這種論樣的邏輯，可以繼續延伸，強調對這種生命力強大、適應性高的非原生植物的研究，應該著重在如何積極利用，而不是移除和剷除等策略上。

就連「外來種」（alien species）這個詞彙可能都反映著一種文化焦慮，更不用說我們將全球化、移民、同化所造成的排外偏見也轉移到植物界中，這些論點大致就是如此；而且我們所想像的生態完整性（ecological integrity）其實離文化偏執（cultural bigotry）並不遙遠。巴努・蘇布蘭瑪尼亞（Banu Subramaniam）在她二〇〇一年的論文：〈外星人登陸了！生物入侵的修辭反思〉（The Aliens Have Landed! Reflections on the Rhetoric of Biological Invasions）中指出，環繞在非原生物種周遭的詞彙，可能反映出世人對全球化那份根深蒂固的焦慮。「對抗外來和異地植物的戰鬥是一種運動的症狀，這種運動將對經濟、社會、政治和文化變遷的焦慮，錯置和轉移到外來者和外國人身上，」她這樣寫道，並且列出我們對外來物種的看法和用語，其實就跟我們用來形容移民的語彙不無二致，像是外國人的數量、他們在抵達異國時隱姓埋名變得難以控管、他們的攻擊性、持久性以及很會生。[2]

對外來物種的恐懼言談讓人想起上個世紀中葉由納粹黨消除德國土壤中所有外來植物的故事。比方說希特勒所倡導的生態工程，著名的剷除小花鳳仙花（*Impatiens parviflora*）的故事，那時這種花被視為植物界的布爾什維克黨，是「蒙古入侵者」（Mongolian invader），足以威脅到日耳曼所代表的整個西方文化。很難相信這樣一個弱不禁風的灌木竟然得承擔民族主義問題，血液和土壤具備的意識形態促使「植物如何紮根於土地的方式」展現了國家認同的基本真理。

無疑地，隱喻可作為一種溝通的方式。正如布蘭登．拉爾森（Brendon Larson）在《環境永續之隱喻》（*Metaphors for Environmental Sustainability*）中寫道，「在科學探究中，隱喻是一個關鍵因素，因為它不僅讓我們能夠以一件事物來瞭解另一件事物，還得以讓我們以日常生活中較為具體的事物來思考抽象的概念……。隱喻也有助於我們以共同的文化背景來解讀新的未知事物。」話雖如此，隱喻在使用時尚有其限制，也不夠清楚，還是具有詮釋的空間，而且當中所隱含的類比也可能不夠明確，過於偏狹。就跟任何其他生物體一樣，比喻也有其壽命。[3]

很難將對外來物種的謹慎心態歸因於仇外心態，若說環境生物學家對地方生態的關心來自於此，也太過牽強。確實有些紮實的科學證據顯示一些外來物種對其新的棲地造成損害，像是哈德遜河中消耗掉大量氧氣的菱角，造成鐵杉樹銳減的那些毛茸茸的鐵杉球蚜蟲，以及對梣樹、樺樹和槭樹造成嚴重威脅的亞洲天牛。非原生物種的問題在於沒有人能預先知道將來會演變成怎樣的局面，或是產生怎樣的影響，有哪些是良性的作用，有哪些可能傷害到其新的棲地。新事物中本來就包含某種謎團。

但是，撇開這一點不談，這種仇外情緒的假設似乎有待商榷。畢竟，大多數人對未知都懷有一份複雜的情感。就算這帶給我們恐懼和憂慮，但也深深吸引我們。有不少非原生物種之所以輸入到這個國家，正是因為我們受到異國情調的誘惑。有時，我們會依據傳統信念的主張，認為離開普通和熟悉的事物，能讓我們產生更多的發想。就以美國馴化學會（American Acclimatization Society）來說，其立意良好的宗旨是要培養美國人的文學想像，不然就是賞鳥的敏銳度，因此在十九世紀末期，嘗試引進莎士比亞在書中提過的所有鳥類，讓牠們飛翔在美國的土地上和天空中。一八九〇年一位名叫尤金・席費林（Eugene Schieffelin）的會員在紐約中央公園野放了一百隻左右的歐洲椋鳥，這種鳥是《亨利四世》中的一位名叫巴德的人物所提到的。但今天我們見到的，則是將近兩億隻嘈雜、充滿侵入性而且惹人厭的鳥類，但是在那時候，誰會想到這樣一個舉動竟然會讓天空中充滿這種令人印象深刻的新型鳥鳴呢？

就算多數人真的對非原生物種抱持偏見，肯定也會因為熱愛擁抱陌生事物的意願而平衡回來；我們就是很容易為異國情調所驚嘆與誘騙。這就是為什麼我開車回自家車道會看見四隻孔雀盤據在我家屋頂上，或是我的鄰居開始養起鴯鶓和駱馬的原因。穿插在我們自己後院和花園的綠竹或中國芒，或是任何非原生植物其實都在說明新事物對人類深具吸引力。受到那些不屬於我們的事物所吸引，是我們的天性。在自然界中，我們的歸屬感顯得相當不一致、難以預測而且混亂不穩定。外來事物既讓人陶醉，又令人倍感威脅，當涉及到陌生的事物時，人類總是陷入在矛盾和不一致中。

八月的下午，我前去查看我家附近的那叢千屈菜，在那裡只是聽到蜂持續的嗡嗡聲、蟋蟀的鳴聲，還看到六、七隻北美大黃鳳蝶。這裡的千屈菜叢跟其他植物混生，包括香蒲和柳樹、幾株楓樹苗、蕨類、鳳仙花、野胡蘿蔔和一枝黃花，這些構成了一幅夏末風情的拼貼畫。傳統上認為濕地是個了無生機的地方，但這裡顯然充滿能量和生命。在和幾個人寒喧之後，我又發現兩隻紋白蝶穿梭在莖桿之間。不難看出來，這一小塊濕地對這地方的貢獻，幾乎和它所取代、替換掉的一樣多。

沿著路下去三、四百公尺的地方，有另一處長得十分茂密的千屈菜，乍看之下似乎只有單一物種，但仔細端詳之後，發現底層鋪了一片草澤，其間還穿插有細小的蕨類。也許造成第一叢千屈菜族群量降低的甲蟲，已經在該地和其他夏末植物相處融洽，還沒有抵達這裡。生物防制作用的程序難以捉摸，土壤、濕度、排水狀況和光線等些微的差異都可能影響到其效應。在一個地方兩個夏季就成功的案例，換到路的另一頭可能需要經過十二個夏天。我鄰居的房子就在這叢千屈菜旁，但她連這植物的名字都不知道，也對它們在園藝界經常遭遇到的蔑視沒有任何想法。「這挺美的，不是嗎？」有一天早上我停在那邊時，她這樣說道：「有時候，我還會看到一隻大藍鷺停在那邊。」一年之後，說不定這裡又是另一番樣貌。「在生態的故事中，沒有所謂的結局，」基爾亞特解釋道：「只有可能的結果。」

千屈菜的一切特徵都不足以將它當成外來物種的代表。每種非原生植物、鳥類或哺乳動物在到達一處新的林地、田野或河床時，都會發揮其特性來因應特定的環境，而那些數不清的相互矛盾的假設和反應恰恰說明我們對於將陌生事物納入生活的矛盾態度。鑑於全球生態環境正在迅速轉變，現在也許是時候該承認我們對外來者所抱持的態度和反應是如此地複雜，我們會如何管理自己在意的地方，可能取決於我們如何認知如此微妙的關係。也許可以從使用「新生物區系」（neobiota）這樣的詞彙來形容引進物種的開始，儘管這聽起來過於學術，但比較不會引發文化偏見的問題，而且在談論急迫的時機、氣候變遷、棲地喪失以及極端天氣模式中可能會用到。可想而知，這些事項全都會引起強烈的反應，以及激烈的言論。

但是，比這些精心設計的用語更為重要的，是我們對這些物種的思量。卡里生態系研究所的淡水生態學家大衛．史特雷耶建議，我們在思考非原生物種時，應考慮其到達一處環境的時間點。對於已經在這裡的植物，他所建議的地方管理策略是針對特定植物提出特定目標的具體計畫。而對於初來乍到的那些植物，他則建議盡可能採取防治措施，不管是用經過推演的生物防制法，還是力道加強的根除舉措。最後，對於那些尚未到達的物種，他希望能透過技術、立法和教育層面的策略，確保它們永遠不會到達這裡。[4]

這樣的行動計劃看似乎十分合理。在某個九月的午後，看著蝴蝶穿梭在紫色的莖桿間，我知道這只是眾多可能性中的其中一個。到九月中旬，千屈菜會枯萎，莖桿脆化，並轉為赤褐色，花朵也逐漸乾涸，從充滿活力的洋紅色轉為鏽色。隨著其鮮豔色彩的消褪，周圍的一切將把其原本的秋意色調完全吸收掉，看著這樣的景觀，很容易讓人覺得這一切是經過管理，並達到某種程度的適應。不過，新物種目前正以前所未有的速度進來，當中有些可能會帶來更為嚴峻的挑戰。河岸邊這一片片的千屈菜叢，若真要說有什麼作用的話，可能只是提醒我們對外來事物所抱持的模稜兩可態度，讓我們思考人類怎麼可能在受到陌生事物吸引的同時，又感到害怕，敬畏和焦慮何以如此自然地並存，以及人性本來就是會對我們所不熟悉的事物感到既害怕又佩服。然後我想到培根太太和她的俄羅斯山貓，以及我們在黎明時看到匆匆穿過草地的未知事物時，召喚我們想像的種種事物。

CHAPTER

9

溪流中的鰻魚

Eels in the Stream

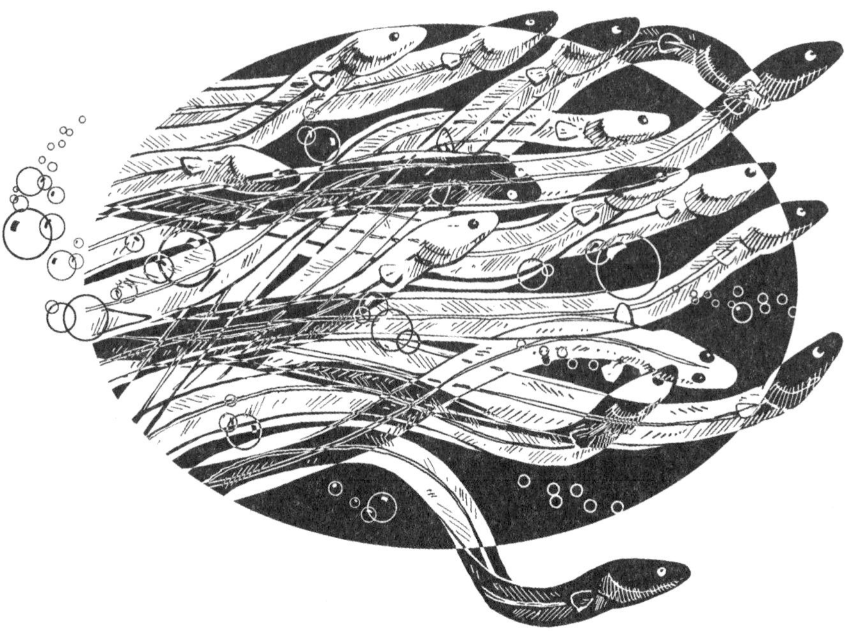

孩童都喜歡伸手抓東西，若這東西正好在水裡，他們會更想拿到手。若這想要抓的東西，剛好就是你所喜歡的，那就更棒了，講到這一點，那就是克里斯·鮑舍(Chris Bowser)上場的時候了。

他是第一個承認自己愛上鰻魚的人，為了證明這一點，他將他所鍾愛的四隻細長的鰻苗帶在身邊，牠們每隻的體長只有五、六公分，就在一小玻璃罐中游泳。換句話說，你會看到一種看起來幾乎不存在的東西，在一個看起來幾乎隱形的東西中游動。但鮑舍看來容光煥發，毫不猶豫地承認他的這份情感。「你怎麼能怪我愛上牠們？」他問道：「難道你不會嗎？你怎麼可能不愛上這些？」突然之間，一切都充滿禪意。

身為環境科學家的鮑舍是紐約環境保育部「哈德遜河研究保留區及河口計劃」的科學教育家，同時也與康乃爾大學的「紐約州水資源研究所」合作。今天，他帶領的是一群來自波基普西(Poughkeepsie)中學的志工學生，他們全都自願在每年春季前來幫他計算鰻魚，隨同附近瑪利斯特學院(Marist College)的高中科學教師和學生。在為期兩個月的時間內，這些孩子在每星期一的下午聚集在弗基爾溪(Fall Kill Creek)，觀察鰻魚逆流而上的情況，這條小溪是哈德遜河在波基普西的支流。這項計劃同時具有保育和教育的目的。在鮑舍傳授學生關於美洲鰻的跨洋旅程、水質、洋流和食物鏈等知識的同時，他也竭盡所能地將他對這種生物的喜好傳達出來，連同烹飪方式；他穿著防水靴站在小溪中，可能隨手抓起一隻外表很像蝦子的微小甲殼動物——端足類，將其放進嘴裡，搖頭晃腦起來，就像饕客一樣品嚐其滋味，然後對大家說，這味道像是「用泥調味的蝦」，之後他才開始進一步解釋鰻魚的生命史。

美洲鰻出生在大西洋中一處稱為「馬尾藻海」（Sargasso Sea）的區域，但科學家始終無法取得牠們交配或生殖的狀況。出生於海水，這些鰻魚日後又遷移到淡水的河流和溪流，在幾年後，再度回到海中產卵，然後死去，這樣循環稱之為「降海洄游」（catadromy）。牠們的生活是從柳葉狀的微小浮游仔魚開始，隨著洋流往海岸漂流過去，進入美國東岸從佛羅里達州往北一直到格陵蘭淡水河流和支流，在那裡成長茁壯，轉化成細長透明的「玻璃」鰻，體長約莫五、六公分。然後沿著支流而上，繼續成長，這時體內的色素會讓牠們的體色轉為深綠褐色，此時進入所謂「幼鰻」或「鰻線」（elvers）階段。體型更大的成魚，或稱「黃鰻」，生活在淡水的支流中；雌鰻的體長可以到達一公尺多，牠們在支流中會活上近三十年。只有到接近生命終點時，才會轉變成「銀鰻」。屆時，牠們的眼睛變得更大，可能是便於察覺在這個階段所面臨的新天敵，同時腸胃等消化道也開始收縮，以騰出空間給魚卵或魚精。牠們的膚色從淡綠色轉為灰色、奶油色或是銀色，身體變得結實起來，這一切都是在為了返回大海旅程中可能遇到的嚴峻考驗做準備。

不過近年來，鰻魚的族群量日益減少，這可能是因為水污染、興建水壩、過度捕撈、寄生蟲、棲地喪失或是水力發電計畫等因素，也有可能是因為氣候暖化造成洋流變化所致，或者根本是其他原因造成的。大西洋國家海洋漁業委員會（Atlantic States Marines Fisheries Commission）非常希望得知這個問題的答案，而這問題同時也帶來其他次要的問題，諸如：影響鰻魚遷移的環境因素有哪些？水溫？潮汐週期？降雨量？哪些因素會影響到鰻魚族群在各地之間的差別以及每年的變化？牠們是漸次地洄游，還是一次全部遷移？牠們的族群量有多少？以及這些族群是如何變化的？

為了找尋這些問題的答案，從二〇〇八年開始，每年春天飽舍都會招募一批志工，包括學生、教師、實習生、退休人員和公民團體，計算哈德遜河在揚克斯（Yonkers）和奧爾巴尼（Albany）之間河段洄游至各支流的鰻魚數量。「研究鰻魚最棒的一點，」他說：「就在於，注意牠們就等於是關注整個生態系。鰻魚的生存取決於海洋、河口、溪流乃至於整個流域的狀態。在農場的池塘和城市的小溪中都能發現牠們的蹤影，牠們是整個生態系的最佳代言人，因為牠們的生活維繫在環境科學家所強調的依存關係上。這一點對『河口計劃和研究保留區』特別重要，就科學、管理和保育的觀點來看，這個保留區計畫就是在尋求要將整個系統聯繫在一起的所有要件。」

為了要在鰻苗進入支流時捕抓牠們，鮑舍和他的同事莎拉．蒙特（Sarah Mount），在每年初春時，都會在這些支流的前端架設一種長型的袋狀漁網。這種漁網有三、四公尺長，呈漏斗形，為了捕捉到逆流而上的小型物種，將漁網設計成一連串尺寸遞減的圍網。漁網是以鋼筋和混凝土塊固定在河床上，以保持其在這兩個多月的洄游期間，固定在同一位置。每條支流負責的志工，每天前去一次漁網架設處，收集當中捕捉到的小鰻魚，加以計數、稱重，最後將牠們釋放回更上游的地方，越過可能阻礙牠們洄游的水壩和種種障礙，讓牠們進一步往上游而去，因此，每一條放生的鰻魚都有更大的機會回到馬尾藻海產卵。從二〇〇九年以來，超過八百名志工，在水壩和其他阻礙的上游處，釋放了將近十萬隻幼鰻。

要抵達弗基爾溪設置的漁網不只要在寒冷的水中踩過溼滑的石塊就可以達成的，這段路程，正如鮑舍貼切的描述，「這裡走起來真的很怪，就像是被什麼薄膜包起來，然後走在油滋滋的砲彈上。」一路上還得避開周圍的塑膠袋、糖果包裝紙、飲料瓶、塑膠杯等。任何踏進水裡檢查漁網的人，可能都會發現自己身邊漂浮著老舊自行車輪胎或是賣場的推車。換句話說，弗基爾溪是一條都會化的支流。它從海德公園開始，流經克林頓和宜人谷這兩個小鎮，穿過樹林、濕地、沼澤、草地和住宅區，經過二十五、六公里的路程，等到在波基普西流入哈德遜河時，已經成為一條城市水道。它的北岸是在經濟大蕭條後，羅斯福推行新政期間為了疏通城市的水流所打造的一片石牆，目前只剩一片搖搖欲墜的遺跡；牆的上頭現在是一道鐵絲網圍欄，任憑各個季節風吹雨打，搖搖欲墜。無論水面下有何種生物，勢必都得和所有遭到水撞擊、捲入或坍塌崩毀於水中的碎屑殘渣共存，還有那些因為人們找不到其他更好的地方放置而丟棄於水中的東西。

不過，就算前去弗基爾溪的調查不甚符合我們心中所構想的體驗自然美好行程，這裡的「鰻魚計畫」確實反映出保育的方式很可能會因應世界人口不斷從農村移往城市區域而變動；自二〇〇八年以來，有三十三億人，基本上就是地球上一半的人口，生活在城市中，而且這樣的人口移動趨勢，只可能持續下去。雖然最近幾代的環保人士傾向將他們的努力和熱情投注在荒郊野外，未來的世代勢必得處理城市的生態重建問題，無論是植樹造林、恢復城市河道，或至少是關注規律出現的動物，儘管牠們的行蹤還是難以預期。正如城市生態學家史戴華・皮克特（Steward Pickett）所言：「在城市中，我們和自然環境的關聯繼續發生。植物生長、有機質分解，水則帶來營養鹽和污染物。溪流孕育無脊椎動物和魚類，空氣攜帶微粒和氣體，這當中有些會影響到人類健康，而且動物的疾病也會傳給人類。」[1]

在未來幾十年間，保育措施要持續保持成效，其成敗可能日漸取決於城市居民對自己棲地特性的認識。今天，在弗基爾溪的這群孩子似乎還沒有這麼多的煩惱。對他們之中的大多數來說，踏入溪流是參觀自然世界的一種罕見方式。這裡並不是經過改造、設計、數位化的人工合成環境，也不是迪士尼樂園，這裡沒有觸控螢幕，而是實質經驗，這裡沒有擴增實境（AR），而是一條現實世界的河流，當中有逆流而上的鰻魚在游動，還有漁網架在魚兒聚集處。除此之外，在這裡到底會發生什麼事，完全單靠個人的推測。正如和鮑舍一起在弗基爾溪合作的波基普西高中老師馬克・安傑維尼（Mark Angevine）所言：「這些孩子當中，有很多都只有在電視上看到自然環境。不然就是在受到人類管控的地方，好比說是設有救生員的海灘，或是與外界隔絕的水域中活動。他們從來都沒有下來過這條小溪。」安傑維尼從這計劃一開始，就一直參與。儘管耳朵上打著耳釘，偏好方格鞋帶和上頭一堆花紋圖案的領帶。他詼諧的幽默感以及實事求是的態度，成為一股支撐力，讓那些對下水有疑慮的孩子能夠下定決心穿著防水鞋踏入寒冷的溪水中。

至於他們參加這項活動的確切動機，可就沒有這麼簡單的答案了。有的人也許是因為對生物學有興趣，或是為了能夠加分，又或者是將此視為與朋友一起外出的機會。一位固定在週一前來的高中環境科學教師凱利．拉亭（Kelly Lattin）認為這項計畫「能夠讓他們注意到周圍環境發生的事情。我不知道他們是否將自然界看成理所當然，或者他們根本不知道它的存在……對他們來說，這是一次十分重要的接觸機會。」而且很有可能，他們只是出於某種好奇心，想要知道事物之所以演變至此的成因。又或者，這純粹是因為他們是青少年，在這個年紀，自然而然地就會注意到很多事物，結果，發現的問題比能找到的答案還多。捧著一隻鰻苗在手中，讓牠像水一樣滑過指間，其虛無縹緲的形體，就跟牠本身那樣捉摸難測。當鮑舍將一隻鰻魚放到一位十五歲的學生手中時，這個名叫簡的孩子反射性地倒退了好幾步，當這條謎樣的小魚在她手掌中亂竄時，她忍不住笑了出來。這樣看來，鰻魚計畫確實非常適合他們。

儘管科學是在尋找未知事物的答案，但鮑舍的興趣似乎比較偏向問題這一邊，而不是答案本身。驚訝和臆測是他課程的核心，他不只一次這樣開場：「窮盡一切的科學知識，也無法回答所有的問題，當中還有很多空缺……」他遨遊在猜想的世界裡，倘徉在不確定性之中，而且正是這樣全心全意擁抱未知的態度，讓他非常適合講述這個主題，也就是美洲鰻生命史中最為神秘之處。當他和孩子們在一起時，若是以科學臆測開始，也會歡天喜地朝著懷疑模式晉升；當他問他們鰻苗來自於何處，有個小小的聲音傳來：「大西洋」。他點了點頭，然後做出一副難以置信的表情。「這小傢伙游了將近兩千公里來到這裡，實在是讓人難以置信。你能想像嗎？」我猜想他這種對事物的看法，應當非常適合青少年，他們這時的人生觀正擺盪在堅定不移的信念和毫不費力的遺忘之間，瘋狂地轉動著，難以預測。

這些孩子穿上俗稱青蛙裝的及胸沼澤衣，踏入小溪之中，準備檢查漁網，這些漁網都以繩索和扣環固定在鋼筋和空心磚錨上，需要先將其打開，解開網布這一端的繩索，然後收集當中網羅到的一切。要是有鰻魚，就把牠們放進水桶，帶到岸邊，計數、稱重；體重是牠們健康狀況的一項指標。另外，還需要檢查所謂的「鰻魚拖把」（eel mops），這種拖把就跟廚房裡的拖把長得差不多，是一個簡單的強化塑膠盤，在一端連上材質強韌的合成纖維條狀物，放入水中後，以彈性繩綁好，可以固定在一個地方好幾週。當鰻魚看到在水中飄蕩的拖把條時，可能會誤以為是牠們可以棲身在其中的那些糾結的深色水草。在檢查這種拖把時，需要將拖把頭浸在一大桶河水中，上上下下幾次，並加以旋轉，才能將附著在這些布條上的鰻魚甩出來，然後將這桶水，用網子過濾，這樣才能收集到當中的鰻魚，並加以計數。這是漁網的替代品，特別適合用在水深或是水流湍急之處，總之沒有多少方法能獲取關於鰻魚的資訊。

但在這樣一個初春的日子裡，不論是漁網還是拖把，收集到的鰻魚數量都很低，一共僅有六隻鰻苗和四隻幼鰻。二〇一一年的冬天特別嚴峻，去年的氣溫比較溫暖。鮑舍推測，也許是因為天氣的關係。潮汐帶來的鹽鋒一直延續到南邊。若是能獲得鹽鋒的助力，也許會讓鰻魚往上游推進的過程輕鬆一點。但這只是猜測而已，他說。在下週，當月圓滿潮時，鰻魚的數量有可能攀升。但這事誰也說不準。這群孩子之所以這麼認真聽從鮑舍的一個原因，甚至可能是最主要的原因，就是他這份熱切的心，是他對這樣難以解釋的現象所展現出的深深敬意，甚至有點莫名的崇敬。而且，即使數量很少，鰻魚的謎團仍然讓人深深著迷不已。「鰻魚有一個非常吸引人的故事，」在把這群孩子送回家之前，他說：「牠們在海裡出生，但卻在淡水地帶度過一生。這真的很奇怪。鰻魚的魅力無窮……就好比一代影星亨弗萊・鮑嘉（Humphrey Bogart）。看上去並不特別起眼，但深具迷人之處。」

鮑舍在茅利塔尼亞的和平工作團中待過兩年，他在那裡大部分的時間都是在撒哈拉沙漠裡種樹。「對跟我一起工作的茅利塔尼亞人來說，」他解釋說，「這才是真正重要的事。這不是什麼行善的空談，這是在面對資源消失時所產生的一種絕望作為。種樹是絕對必要的。」善於激勵他人的他，發現自己也在這樣的交換過程中深受啟發。最後，在回到美國後，他成了「淨水」（Clearwater）的環境教育主任，駕著那艘傳說中的單桅帆船在哈德遜河的上下游推動環境教育、環境守護以及宣傳倡導的工作。後來，他又去了環境保育部，在那裡擔任教育、研究和規劃的工作，並且在二〇〇八年，根據哈德遜河谷的鰻魚研究人員所建立的方法，展開這項鰻魚計畫。「海洋漁業委員會想要知道這樣的資訊，」他說：「而哈德遜河河口計劃和研究保育區決定要資助這項計畫。不過，這項計畫真正創新的地方是後來我們發現，可以讓學生志工參與其中。」這項計畫的後續重要支持分別來自三十多個地方組織，當中包括非營利組織、學校和流域團體，還有來自奧杜邦學會以及豐田汽車的「一起綠化」（Together Green）計劃。

鮑舍指出這項鰻魚計畫具有三點特殊的價值。第一點和計數有關，讓我們知道那裡有多少鰻魚，牠們的所在位置以及牠們何時出現，這是海洋漁業部想要知道的。第二點是哪個樣點能提供最多的資訊，這樣便能找出哪些支流最值得進行復育工作。或者是說，我們可以在那裡發揮最大的作用。而第三點則是關於志工本身，這是服務學習的一環。「公民科學最重大的價值便是將人與環境連結起來，讓人產生信心，相信自己的作為能夠改善環境。」

整個四月，溫度都很涼爽，雨量也很穩定，弗基爾溪的溪水依舊湍急，並且維持在高水位。氣候變遷會是造成鰻魚數量逐漸減少的一項因素嗎？氣候變遷會對鰻魚造成怎樣的影響？「這是一種非常頑強的動物。牠們在地球上已經存在了八、九千萬年，」鮑舍告訴孩子：「所以我們有很多問題。有人說，氣候變遷會增加環境的濕度，未來將會有更強烈的暴風雨。關於這點，我不知道。但在這樣的條件下，來檢查鰻魚的數量，就變得很有趣了。」鮑舍並不是很願意拿氣候變遷來大作文章，反而覺得「從小處著眼比較有用，這樣一來讓事情變得和每個人切身相關，也會提供更多有用的訊息。」

一如以往，鰻魚數量都還維持在很小的數字。在第三個星期一到來時，孩子們發現有九隻鰻苗和一隻幼鰻。「想像一下，如果你是一隻鰻魚，」鮑舍看著滔滔流水說道：「試想現在要對抗水流。我想，當然這純屬猜測，水最後還是會變暖，滿月即將到來。而且，如果沒下雨的話，在四十八小時內，將會有大量的鰻魚湧進。到下週一時，甚至會增加三倍。鰻魚已經在哈德遜河裡，只是在等待進來的時機！」然後，他要學生猜猜看下週的鰻魚數量：三十八、三十九、四十五、二十五、十九、十二！「我猜是七十二，」他說。最後，這一季最高的日記錄是五十二隻鰻苗，和最近幾年弗基爾溪的記錄相比明顯偏低，遠低於過去單日五百隻的記錄。

不過，在接下來的一週，情況也沒有好轉到哪裡去。雨勢沒有減緩多少，溫度仍然微涼，弗基爾溪仍舊水勢奔騰。在兩支鰻魚拖把中只找到三隻玻璃鰻，漁網裡則是一隻也沒有。十七歲的馬提斯，沉默寡言，只是淡淡地說：「也許下週會好一點。」十五歲的丹尼爾則補了一句：「這只是展現出世事無常。」這兩位孩子已經在用一種接受的態度來談這件事，簡潔的哲思和扼要的現實觀點，似乎正是從事這工作所要求的。他們似乎明白，在面對美洲鰻的巨大謎團時，最佳方法就是抱持直接了當的實用主義。

他們在弗基爾溪工作中展現出來的親近自然的傾向，讓人聯想起一個世紀前在另一州的遙遠前輩。小說家約翰．史坦貝克（John Steinbeck）在《科提茲海日誌》（*The Log from the Sea of Cortez*）中，記錄前去加州灣，收集海洋無脊椎動物標本的探險。這個團隊的成員組成非常奇特弔詭，有生物學家艾德．雷克茨（Ed Ricketts）、史坦貝克本人，還有一批背景可疑、各懷鬼胎的船員，他們一路上收集到陽隧足、棘海星、海星、海葵、海膽、螃蟹、蝦、海蟲、笠貝、螺類與海綿等，但當到達墨西哥的拉巴斯時，突然發現有一批未經培訓卻意外地有用的助手，能夠幫助他們。史坦貝克觀察到：

> 與往常一樣，當開始收集海洋生物時，很快就出現一批男孩加入我們。他們找東西的姿勢，以及緩慢低下頭的動作，似乎格外引人注意。「你掉了什麼？」他們問。
>
> 「沒有。」
>
> 「那你在找什麼？」

他繼續寫道，「小男孩，」

是世界上最好的收集者。不久後，他們便摸索出一套抓蝦的方法，只靠偶爾出手，用指頭捏住蝦子，過不久我們身上的零錢全都用盡，拿標本來給我們的小男孩越來越多。小男孩的眼睛雪亮，很快就能辨別出當中的差異。一旦他們知道你有一定的好奇心，就會帶來許多神奇的東西。也許我們今日前來採集的作為只是這份衝動的延伸。很容易回想起小時候趴在潮池旁，全神貫注地盯著池水深處，忘卻自己身處何處的記憶，彷彿自己就是寄居蟹，小章魚則是大怪獸。然後，漂蕩的海藻和石塊底部幫助我們隱身，這時一隻魚躍出。不管是我們，還是那些以方程式來探索太空的科學家，極有可能只是在單純地擴展這份好奇心。[2]

故事繼續下去，男孩們，有的搭獨木舟，有的搭扶平底船，其他的則是游泳，個個都精力充沛、身手矯健充滿探索心，而且最重要的是，都善於尋找和提供水生生物標本。這群習慣於尋找未知事物的大自然獵人，發現可以將他們天生的好奇心發揮在實際用途上，為此感到興奮不已。

弗基爾溪並不是那處加州近海綻放綠松色的寧靜寶地，僅是在哈德遜河谷中，一條到了春天卻仍然冷冽的灰色溪流，在這裡的女孩和男孩一樣多，而且波基普西高中的這群孩子各個主動積極進，他們之所以願意穿上青蛙裝，步入寒冷的水中，很可能也是來自類似的好奇心。不過就在幾公尺外，弗基爾溪就流入哈德遜河，那條寬敞耀眼的河道，沿著我們的視野流動，為整個計畫提供一個框架。

此外，在河中，他們還建立起一份同袍之情，即使鰻魚的數量沒有增加，還是有其他東西增加了。人類在河邊大興土木的歷史由來已久，諸如磨坊、工廠、住宅、城鎮乃至於城市，但在這裡，建立起來的則是一個截然不同的群體。正如安傑維尼所言，這項計畫有各路人馬參與，不論是民間，還是學界，背景非常多樣。「在這裡，對科學感興趣的生物預修學生可能會和有學習障礙或自閉症的孩子一起工作。在這裡，中學生和大學生以及環保部的人互相合作。在這裡，他們都是這個團隊的一份子。」

果不其然，一位道奇斯社區大學、名叫久爾吉的學生隨即出手幫忙。現年二十歲的他，在鰻魚計畫的第一年就開始投入，那時他還是高中生。現在，只要他有空，每年都會回來。「光是待在這裡，」他說：「看看還有多少鰻魚在紐約，有多少隻遠渡重洋來到這裡……」他向寬闊的河面揮了揮手，他的聲音飄盪在四周。他主修環境科學，副修地質學。他信心滿滿地往水中移動，可以輕易地看出他從一開始就參與這計畫，當然有部分原因是他腳上那雙氯丁橡膠材質，還帶有橡膠蹼的涉水鞋。他在滑溜溜的石頭上泰然自落，這份平衡感想必也是其來有自，或許就是他內心對於自己是站在一個「對的位置」的信念。當那群高中的孩子需要人幫助將鰻魚從拖把上弄下來時，他就在那裡，做完之後，他毫不猶豫地拿起刷子，開始清洗漁網。

這裡不只是孩子而已，還有他們的老師以及鮑舍，大家都齊聚在弗基爾溪。也許水之濱會吸引具有好奇心的人，也或許光是待在水邊就會激發出一些人類與生俱來的衝動，讓人想要探尋新事物。沒有人確切地知道人類的探索心和好奇心究竟是如何在水之濱相遇的，不過弗基爾溪的釣客也開始對這群孩子的作為產生興趣，然後在一個下午，一位城市工程師前來給孩子們簡介什麼是下水道、非法排放、水的濁度以及如何保護水道；之後他留下來看看漁網裡捕捉到什麼。好奇的旁觀者也會在四周觀望。又有一個午後，一個穿著格子睡衣、涼鞋和上面印著「如果你見過我家人，就會明白」的亮藍色T恤的傢伙經過，對鰻魚因著堅韌和幸運遠至此地，感到無比開心。他搖了搖頭，不可置信地驚嘆道：「跟著洋流一、兩千里路，經過許多地方，來到波基普西。」

但這些插曲並沒有造成任何改變。大家所期待的三位數的捕獲量一直沒出現。接下來的那個週一，漁網中捕捉到五隻幼鰻和十四隻玻璃鰻。即使到了五月底，數量還是沒有增加。等到春季結束時，志工總共在弗基爾溪收集到六百二十五隻鰻苗，與兩百一十八隻幼鰻。去年同期，隨便一天漁網捕捉到的鰻魚都超過一百隻。最後一個星期，團隊還是出動了，最後的結果是三隻玻璃鰻和三隻幼鰻。而當拉亭十三歲的女兒泰拉檢查完拖把，鄭重地向大家宣布，她看到十三隻鰻苗時，立即遭到懷疑。鮑舍無法相信漁網和拖把計數之間竟然會有這麼大的差異，他頓時陷入這類發現中經常會遇到的一種技術性說詞：「這真是太太太奇怪了，」他說，但在鰻魚數量調查的最後一天，以另一疑問來作結，實在非常貼切。

哈德遜河上游那邊的鰻魚數量一直都略高一點，可能是因為比較涼爽，春季雨量較多，而且水溫偏低，這些因素都會延長鰻魚待在河流主幹道的時間；等到牠們最後游入支流時，會是在更為偏北的地方。不過整體數量偏低的可能因素則各有不同。今年三月到五月的累積降雨量高達三百八十一毫米，比去年同期多了兩百零三毫米，光是這一點可能就造成鰻魚難以到達支流。又或者是冬季的雪特別大，一直讓溪水維持在低溫，即使進入春季，依舊異常的冷。也或許是馬尾藻海那裡出現了什麼未知的環境因素，延遲了鰻魚的生殖。或者，還有別的因素。這群孩子現在知道鰻魚計畫的關鍵並不在於得到很高的統計數字，而是從中得到的教訓：無論是三隻鰻苗、三十隻還是三百隻，這都是數據。

鰻魚的行為充滿一種不可預測性，在這當中，好奇心取代了期望，並開始尊重起這樣的事實：牠們在做什麼，牠們何時這樣做以及牠們在哪裡做。簡為此做了總結，她說：「每個星期都期待會有更多的鰻魚出現，但一直沒有等到。所以，只是一直抱持著希望。」她接著繼續說道：「這很有趣。這是意料之外的驚喜。這是我為社區所做的事。我現在更瞭解鰻魚，我才剛學到許多之前完全不知道的事。」想到這隻小不隆咚的海洋生物竟然還有這麼多疑問等待挖掘，頓時之間她笑了起來。

我這時才意識到，這些孩子在學習鰻苗、水質、食物鏈以及河川生態學的同時，也在學習是否可能將不確定性納入生活。探索未知很可能是定義人之所以為人的一項要件，而如何將這些難以言喻、莫名難解的事物納入我們的生活方式之中，將會決定我們成年生活的品質。詹姆斯．普羅塞克（James Prosek）在他關於鰻魚的書中，寫道：「我們讓自己相信，自然是可以解釋的。在這個過程中，我們將自然限制在這樣的解釋之中。鰻魚，儘管形體簡單，牠們對黑暗的偏好，以及和其他所有魚類游動方向相反的優雅運動，都讓我明白，有些事物難以用簡單的分類方式歸類，無法量化或解決，並學到這份經驗的精髓。」[3]

現在，在這樣一個弗基爾溪的春日午後，突然之間，志工發現面臨到的問題似乎比答案更多，而這似乎才是最重要的一課。難怪簡笑了起來。不過，這時一日將盡，孩子們已經準備好要回家。鮑舍向他們道謝，不過天生的熱情讓他連口說出各種語言的再見！從英語、西班牙語、法語、日語、德語、義大利語到阿拉伯語。

環境心理學家在研究文化差異如何影響人看待自己在自然界中的位置時，通常從人物與背景之間的關係來探討。在西方藝術史上，通常會將人類形象和自然世界以分離獨立的實體來呈現；人類形象是用來衡量萬物的尺度或自然風景裡的力量，是個觀察者，是相對於自然的單獨存在、自主力量。但在日本和中國藝術，就沒有那麼明顯的分野；僧侶、林間小屋以及船上的漁翁，所有這些都融合在自然界中。我在一本教科書上的筆記寫著：「在中國藝術中，縱深是以空間來處理，用以暗示在畫面之外存在有更多的空間。風景漸漸淡去，形象只顯示出一半，消失在雲霧繚繞的山岩之間。距離是暗示出來的，而不是透過計算。東方呈現自然的方式，不像西方觀點常常賦予一有限的結構，而是表現出世界的無限，和最終的不可知。觀者不是在畫的外部看畫，而是畫的一部分。」[4]現在，看著這群孩子，在這個略顯陰沉的春日午後，計算著鰻苗的數量，腦中很自然地繪製出一幅人物與大地合而為一的畫面。我的筆記上還寫著：「在東方山水畫中，常常將活動、風格、風景和人物視為一體；嚴格來說，沒有所謂的人物與背景。」[5]確實，這樣一種融合關係，似乎正是我今天所親眼見證到的。

鮑舍可能無法確知鰻魚是如何來到這裡的，也可能不知道在每一次的航程中鹽鋒、水溫或潮流的狀態，而且不管他提出怎樣的假設，都不斷遭到挑戰。「我們曾經期望在新月和滿月時能看到大量洄游的魚，」他嘆口氣說：「但是最後我們並沒有看到。」但有一件事他是可以肯定的，這項鰻魚計畫成了公民科學的一個良好模式，這主要是因為鰻魚確實是一個需要保護的物種。其次，就志工的角度來看，這是一項易於執行的計畫，只要在為期兩個月的時間內，每天定時來檢查漁網。第三點，這和管理機構之間有密切的連結；最後一點則是，這計畫有多個樣點，可獲得鰻魚的數量、體重和水溫，任何參與計劃的人都能輕易看到一些東西。這計畫若有結果，就值得一切的努力，特別是對孩子而言。

但我懷疑，這計畫之所以成功，可能與當中帶有的神秘色彩，還有在面對模糊不明的情況時能合宜因應有關。「當科學家不知道一個問題的答案時，他就是無知的，」諾貝爾獎得主物理學家理查・費曼曾經這樣說過：「當他對結果抱有一預感，他是不確定的。而當他很確定結果會是怎樣的時候，他還是有點懷疑。我們發現最為重要的是，為了要取得進展，我們必須承認自己的無知，留下懷疑的餘地。科學知識是一套具有不同程度確定性的陳述，當中有些非常不確定，有些幾乎可以肯定，但沒有絕對的確定性。」[6]

「看看那些美味的小東西，」鮑舍在這一季開始時，曾經手裡捧著一條細長的鰻苗，這樣對孩子們說：「如果你仔細看，可以看到牠最近吃下肚的東西，牠那雙小眼睛，還有牠小巧的心臟。」

當手上捧著那麼小一隻透明的東西的時候，怎麼可能對牠的認識還是這麼少呢？我們習慣將透明度看作是獲取知識的一種管道；當東西清晰可見時，就等於全盤揭露。這樣的認知是合情和理的，除了鰻魚的故事不符合以外。

之前在觀察鯡魚時我就發現，牠們在陰暗混濁的水中更容易現身，如今在面對完全透明的鰻苗時，則體認到這樣的透明度幾乎沒有提供多少牠們自身的資訊。在這堂學習觀察的課程中，這則關於清晰度的小故事似乎更為重要，甚至更具意義。而且，我想，或許這就是何以這計畫特別需要動用想像力的原因。也許任何一種具有如此模糊的開始以及如此難以界定何時結束的生物，任何一種具有長途旅行的神秘本能，又受到諸多不確定因素影響和不確定衝動所引導的生物，注定要和我們產生對話。也許在鰻魚的生活史中，有一些特性正好與我們自己在廣闊水域中工作時的體驗相呼應：我們也一樣是擺盪在不確定、幾乎可以確定和不完全確定之間。除此之外，在面對我們最初是從哪裡來、最後又要在哪裡結束的那份未知感，何處是我們的起源與何處是我們最終目的地，還有將我們從一端帶往另一端的那股力量是什麼。若說孩子喜歡抓東西，尤其是在水中，那麼在這份特別的捕捉計畫中揮之不去的謎團，讓它變得更難以抗拒。

後記：到了隔年，也就是二〇一二年，在經過一個非常溫和的冬天和乾燥的春天後，鰻魚季又開始時，漁網再次被設置在弗基爾溪中，這次的統計數字大幅增加，一共記錄到六千七百五十一隻鰻苗和一百九十八隻幼鰻。不過，也許更重要的是，上面提到的每個人，幾乎都回來了，鮑舍、莎拉、簡、馬蒂斯，還有丹尼爾，他們仍然為此著迷，依舊投身於小鰻魚的保育工作。

CHAPTER

10

穿過樹林的藤蔓

Vines Through the Trees

事情發生得太快。生活的步調也太快，時間似乎以前所未有的速度在前進，我們都知道這一點，並且抱怨這樣的態勢。社會學家將現代人這種凡事倉促的慢性症狀稱為「匆忙病」（Hurry sickness），這經常出現在我們生活之中，促使多數人一定要現在就展開下一步行動。所有這一切特性，正好可以說明為何英文稱之為「日行千里藤（mile-a-minute vine）」的扛板歸，可說為了我們這個時代而創的植物。這種植物也有匆忙病，一天最多可以長十五公分，一年最多長六公尺，正是因為這樣瘋狂的生長週期，才有了千里藤的名號，這種藤蔓徹底顛覆我們過往對自然界演變週期的想像。以這樣狂放的前進速度，日行千里藤不僅破壞景觀和本土生態，也瓦解了我們對時間的概念。顯然，即使是在自然界，有些事情還是可以直接在我們眼前發生改變。稍一轉頭，大地景觀就改變了。

在我住的這一區，扛板歸已經一路延伸到傑克森溪，以及河岸兩側的林地裡。這條溪是史普饒溪（Sprout Creek）的支流，史普饒溪會流入費什奇爾溪（Fishkill Creek），費什奇爾溪最後則是進入哈德遜河。不過，在二〇一〇年九月午後，這條小溪似乎哪也去不了，在經過乾旱的夏季後，河床乾涸，上面盡是難以辨認的岩屑和遭到岩塊、小石頭、沖刷物、老樹幹和樹枝沖刷的砂礫，暗示著之前的春雨和融雪所帶來的洪水。濃密的鹿舌草叢暗示著地下富含水分，但在方圓四、五百公尺內，依舊不見水的蹤跡，河床就這樣蜿蜒在美桐、橡樹和楓樹組成的幽暗林間。

不過，當草木變得稀疏，當河床通往一處陽光明媚的草地上，這時傑克森溪不再是毫無生機的乾涸大地。河岸兩邊是宛如骨架般的樹木，樹上的葉子早已落光，枝幹宛如僵硬的手指，但是樹幹卻為濃密的藤蔓層層包覆，放眼所及盡是一場荒腔走板的植物界荒謬劇，逆轉應然的邏輯順序。上半部的樹枝似乎已經死絕，然而其下方的樹幹卻糾結在一層濃厚的綠意枝葉中。

這就是扛板歸所造成的異常現象。扛板歸（*Persicaria perfoliata*）也稱為「老虎刺」、「蛇倒退」等，其葉子很薄，形狀像是等邊三角形，細莖上佈滿細小的倒鉤。這種一年生的藤蔓會利用這些倒鉤附著、攀爬和覆蓋其所經之處，將我們原本熟悉的形體完全改變，就像是瘋狂的草木修剪師。扛板歸的莖有分節，在每一節的起點，可以改變生長的方向，有時會讓整條莖的走向脫節失序。小型成托盤狀的葉片，稱之為托葉鞘（ocreae），以固定的間距環繞在莖上，一團小漿果會從這些節點冒出，最初是綠色的，等到成熟時就轉成藍色。這種藤蔓長得奇快無比，這些漿果也同樣有助於其擴散，它們可能會被衝到下游，在那裡落地生根，產生新一代，或是透過吃下它們的鳥兒四散開來。

隨著河床向遠方的草地蜿蜒而去，藤蔓一路纏繞在野薔薇灌木、野葡萄、藜和異株蕁麻上。扛板歸喜愛陽光，儘管它可以活在其他植物的陰影下，一旦觸及陽光，就會大肆增長，四處蔓延，並在其他植物上形成樹冠，將其覆蓋起來。其濃密的葉子，阻擋陽光，讓其下的植物無法行光合作用，抑制其生長，最終造成野草、灌木和大片樹木死亡殆盡，將整片濕地、路邊、林緣和空地完全改觀。在這裡，它將自身纏繞在蓼叢尖尖的粉紅色花朵上，穿過濃密的一枝黃花叢，進入一片鳳仙花中。一小棵細長的樺樹已經呈現半死不活的狀態，其上方樹枝的心形葉子完全為藤蔓所包圍，下方的梯牧草和葦狀羊茅也被攻陷。當中有些葉子已經轉成淺桃色，和枯萎的千屈菜莖交織在一起，為這場勝仗打造出如畫的花束。雖然時值夏末，再過不了幾個星期，就會出現第一次霜降，但依舊隨處可看到這些藤蔓的新鮮綠葉，持續攀爬、穿越或橫跨所有擋在它們前方道路上的一切，這是一場植物界的殊死戰，毫無章法可言。

乍看之下，很難在這團糾結的雜草中看出最後到底誰會勝出，但環顧四周，樹木因為樹幹遭到纏繞即將窒息而死，藤蔓頑強的意圖其實十分明顯。在某些地方，扛板歸的莖蔓會和去年的糾結，也將那些前一年留下的，收編進來，就像是許多侵略者一樣，必須淩駕一切，與之抗衡，因此也要和自身還有以前所造成的損害，一較高下。這藤蔓展現出某種腐敗的速度。

這種藤蔓據信是在一九三〇年代引進到美國的，當時在賓夕法尼亞州的一個園林苗圃從日本進口裝飾用的灌木，夾帶進來的。從那時起，它在美國東北部蔓延近五百公里，分散到十一個州。最初是在紐約的拉格蘭奇（La Grange）被發現的。二〇〇六年時這個小鎮的棒球場淹水，球場就蓋在這條溪南方泛濫平原的一塊平坦空地上，可想而知，在春日的大雨後，這裡很容易淹水。當時，一位環境保育部的地方代表前來評估損失，以便提出補救的建議措施，在視察時，他注意到了藤蔓，並採了樣本。當時推測其種子可能是夾帶在運送建材到附近工地的卡車的輪胎上，不過那時已為時已晚，扛板歸早就四散開來。

一年後，由於溪水持續侵蝕，再加上洪水和扛板歸的侵擾，費什奇爾溪水域委員會、地方政府的環境委員會和地方上的保育諮詢委員會的成員，組成了「傑克森溪流踏查」（Jackson Creek Streamwalk）聯合團隊，決定評估這條小溪的狀態以及藤蔓的蔓延程度。他們接下來的報告逐項列出阻擋魚類洄游的因素，包括河岸侵蝕、垃圾、大量沉積物、河床植被減少還有興建一系列的水壩和涵洞等。這份報告的結論是，不當的土地使用決策造成過多的逕流水流進小溪，最終破壞這條小溪的狀態。溪流踏查隊的志工還注意到，小蘗、野薔薇、蘆葦和蔥芥等入侵植物有擴散開來的趨勢。而當中最具破壞性的就是扛板歸，它們懸掛在樹木、灌木和溪流的堤防上。對一條狀況已經不佳的小溪來說，溪岸的樹木和灌木格外重要，能夠穩定河岸，當這些樹木全都為入侵的扛板歸所勒死，溪流的狀態會進一步惡化。

三年後，一位費什奇爾溪水域委員會的志工里克．歐伊斯垂克（Rick Oestrike），帶著我在二〇一〇年的夏天下切到河床，身為地質學家的他，天性沉默寡言，似乎對解讀河床的語言更感興趣，他能夠閱讀其表面、當中所有的凹洞、岩石結構以及磨蝕的模式。「溪流不只是水而已，」他說：「還包括會造成磨蝕的岩石、礫石和岩屑。」土地利用的種種變化，諸如增加鋪面面積、開墾林地，以及更快流入溪流的降水逕流，凡此種種都促成溪流的定期氾濫。歐伊斯垂克指向河床上的一處大凹陷，表示這可能是由溪水中的渦漩以及春雨帶來的一塊長達一呎半的岩石挖鑿出來的，此處的河床已遭到石塊磨蝕。當我們到達河床較為乾燥的地帶，那裡的土地似乎已經為陽光所漂白，能夠輕易看到扛板歸對它的傷害。儘管扛板歸不會在一個季節內，就抵達大樹的樹頂，這點確保楊樹和柳樹安全無虞，但小樹苗還是很容易受到傷害。

歐伊斯垂克那份與生俱來的沉默似乎和野草管理策略中實行起來相當困難、因而不得不順應時勢的心情融合在一起，他認為無法將困境整合進來的問題是系統性的。在二〇〇七年執行溪流踩踏查訪計畫後，當時道奇斯郡的議員比爾·麥凱布(Bill McCabe)，於二〇〇八年三月在當地的立法機關提出防治扛板歸的建議案，當中細數何謂扛板歸，並繪製出遭到重度和中度侵害區域的地圖，提出種種根除策略，有的是在市鎮廳的協助下透過私有地主來進行，有的則是由市鎮以法令來執行。這份報告還建議要對地方保育諮詢委員會、市府員工、園丁、地景規劃師、調查員和施工人員提供關於扛板歸的教育訓練。最後一點是要鼓勵成立拔除雜草的志工團體，並且考慮除草劑之外的其他種種替代方案，如焚燒、噴灑以及放牧動物。最後，市鎮廳提供兩萬美金的預算，作為緊急應變基金，監測扛板歸的蔓延，並且為私有地主和市政府提供諮詢。正如麥凱布所言，「我們得到兩黨的支持，教育和知識是處理問題的最好辦法。」

三年後，事態漸漸明朗，大家明白要實行如此規模廣泛的策略有相當的難度。

在面對私有財產權這樣的傳統概念時，不論是社區活躍分子、保育諮詢委員會的委員還是環境教育工作者所組織的鄰里雜草拔除活動，都顯得欲振乏力。歐伊斯垂克表示：「當一半的人願意讓你進入他們的私有土地，另一半不願意時，不會產生什麼具體成效。」鎮長拒絕提供經費來延續抑制雜草蔓延開來的計畫。歐伊斯垂克對圍堵野草的計畫感到不樂觀，也擔心公眾對科學界越來越不信任。除了那批拒絕演化論的創造論者，他還提到那些爭論著溫室效應是否來自釋放大量二氧化碳的一般消費者，總之，他質疑這背後是否有一股長期抹黑科學的系統性運動。

然後還要面對十分強韌的扛板歸，這藤蔓現在正尾隨在秋草和野花之後，穿過球場邊緣的鐵絲網。它的種子可以存活至少七年，其漿果可以透過溪流與飛鳥迅速而有效的傳播開來，散佈四處。目前已經發現螞蟻會搬運其種子，而當鹿吃下藤蔓後，它的種子有可能隨著糞便排出。要剷除扛板歸得具有像它們一樣強韌的特性，但這是項不可能的任務。人工徒手除草曠日費時；使用除草劑又會傷害周邊的植物，而且不適合在溪流附近使用；焚燒野草顯得不切實際。從中國進口來啃食扛板歸的象鼻蟲尚未能在紐約州釋放；要取得野放許可的工程浩大，也需要時間和資源，而這正是處於燃眉之急的社區宣導團體所缺乏的。這些因素結合起來，對消除扛板歸造成重重阻礙，這些障礙似乎就跟扛板歸一樣，屹立不搖、難以摧毀。

最後，剷除扛板歸的工作，大多落到幾個擁有私有土地的地主身上。在小溪南側有一塊地是屬於聖佑卡特里特．卡柯維沙教會（Blessed Kateri Tekakwitha Church），是以一位十七世紀莫霍克－阿爾岡琴的女性名字來命名的，她當時改信天主教，慘遭她的族人所驅逐。這教堂建於二〇〇七年，巨石打造的建築成了這個郡裡最大的天主教堂，可容納約一千位教友。卡特里特．卡柯維沙這個名字的意思是「建立事物秩序的她」，在二〇一二年她被封為聖人，這樣的封號似乎讓她有可能擔任生態學家和環境分子的守護者。這麼一來，就能說得通何以這個教會的蒙席神父戴斯蒙德．歐康納（Desmond O'Connor）也試圖要清除教堂四周孩子們經常玩耍的空地和樹木上的扛板歸了。歐康納是由他的祖父母在卡茨基爾（Catskills）拉拔長大的，他對這個地區的大地景觀和水道的維護心態乃是植根於他的童年經歷。我前去他教區辦公室拜訪的那天，他開心地回顧起他祖父母的寄宿公寓還有牧場。「我住在四健會，」他說：「我們那時有養山羊、豬、綿羊和雞，還有種櫻桃樹、梨樹和蘋果樹。我們所吃的一切都在那裡。」為了使扛板歸不會長到能生出漿果的高度，這位蒙席神父每季要在教堂周圍除草好幾次；二〇一一年春季的大雨讓他無法把除草機推到草地上。「這一年雨量真的很大，」他充滿歉意地說：「我完全落後了。」

住在這座教堂北邊的朱迪思・威爾希（Judith Willsey）也同樣勤奮地除草。邁入中年的她，住在一棟一七五〇年代建造的古厝裡，她在這裡長大，對這房子有著根深蒂固的情感。多年來，她一直在經營聖誕樹農場，二〇〇七年，當她在樹的周圍除草時，她注意到這些扛板歸。她自覺是這片土地的臨時託管人。「我是一個慶賀地球日的人，」一天早晨，當我們坐在她的庭院時，她這樣告訴我：「溪流踏查是個不錯的主意。但是你要如何激勵和招募人力呢？」威爾希提到私有土地的地主和市府官員在面對生態環境時，所採行的作法並不一致。社區居民一方面想要重新改造這片泛濫平原，讓其變成球場，另一方面卻不願面對猖獗的扛板歸以及這條看了令人心碎的小溪，這種集體渴望與鴕鳥心態鮮明地展現出矛盾。她說這是一個「數字遊戲」，而且讓私有土地的地主增加額外的負擔。「我親手拔了很多扛板歸，」她補充說道：「但這裡實在太多了，需要一套真正的處理方案。」她對環境保育部地方代表建議使用一種像火炬的東西來燒掉一塊接著一塊野草的方法不置可否。「我現在還是會出去除草，」她嘆了口氣。

儘管百般無奈與挫敗，在這條小溪發現扛板歸的五年後，二〇一一年的夏天，她注意到扛板歸似乎減少了。威爾希繼續在她土地的邊緣上除草，但她發現它們變少了。蒙席神父也告訴我：「我坐上除草機，但我必須說，我真的感到驚訝，扛板歸減少了！去年，我們砍掉小溪前的雜草，那時仍有幾處扛板歸，但已經沒有像前一年那樣。」就算扛板歸的激增速度暫時平息下來，也很難確知真正的原因。可能是因為土壤和氣候的一些化學反應，或是棲地中其他一些未知的特徵。就跟其他侵入性的雜草一樣，扛板歸並不總是以預期的速度增長。它可以佔據黃金地段，然後蔓延到許多邊緣地帶以及乾燥的土壤中，在那裡的生長速度比較沒那麼快。歐伊斯垂克推測「喜歡吃扛板歸」的日本豆金龜，可能也吃了不少這玩意兒。或者，也有可能這幾年夏天的乾旱期延長，他說，扛板歸喜歡潮濕的環境，在暴雨期之後增長得最多。

不過，到了九月中旬，在颶風「艾琳」和熱帶氣旋「李」接連帶來大雨後的一星期，扛板歸重整旗鼓，在小溪的南北兩側大量增生，纏繞糾結在蕁麻、馬利筋、一枝黃花和鳳仙花上。以往在七月天出現的那批未成熟的迷你綠色漿果，如今證明自己也能在九月的時節裡增生。扛板歸緊密覆蓋在溪邊的灌木上，沿著幾棵柳樹的小樹苗爬行，然後遍佈在一棵較大的美桐上。雖然幾週後，這些植物可能就會在第一次結霜之後全部死光，但其種子還會持續下去。其漿果有天然的浮力，原本很淺的溪流，被大雨重塑成一條又深又快的水流，很可能將這些漿果帶到下游的新區域。

藝術家威廉・克利斯滕貝瑞（William Christenberry）以一系列照片記錄了一種與扛板歸類似的藤蔓造成的最終場景，從中可以讀到某種未來式的寓言，彰顯出大自然能夠吞噬一切我們擋在它行進路徑上的東西。這些照片花了好幾年拍攝，記錄了在阿拉巴馬州塔斯卡盧薩郡（Tuscaloosa）放任葛根這種藤蔓任意生長，最後吞噬掉一棟小木屋的過程，這棟房子逐漸被這種行進方式古怪的藤蔓所籠罩。由於這一切發生得很慢，長時間下來，房子無可避免地遭到葉子所包圍，轉變成一混合結構，部分是人工的，部分是天然的；部分在增長，部分在腐爛；部分是建築體，部分是天然景觀，到最後，似乎只是一幅展現人類和植物之間某些原始衝動的一種意象。

在這裡要完全消除扛板歸勢必得動員社區活躍分子、志工、地主和立法者等等，還有其他各界人士，透過他們的集體努力才有可能達成，但事實上，要取得這樣的共識遙不可及。這讓我想到，也許這正是讓我們重新思考何謂「集體」的時刻。網路上的社群，如今能夠追蹤蝴蝶及猛禽的遷徙和繪製月球表面地圖，這無異是重新定義我們作為託管人的能力，但這可能只是一部分的情況。說到依循傳統方式：

一家一戶的拜訪，面對面的懇談，親身參與合作，當我們需要的不只是數位化的集體社群，而是一種由地理聯繫和共同關注定義出的公民會眾時，又是另外一回事。

扛板歸提醒世人，在我們的內心深處，大家都明白儘管生活在充滿即時訊息、二十五秒瞬間開機的加速生活裡，當事情發生得太快時，可不見得是件好事。目前無法確定第一個漿果和種子是如何或是在何時抵達的。扛板歸並沒有毀滅這個地方，也不是造成溪流狀況受損的直接因素。相反地，這些因素似乎都以一種即興和同時的方式相互刺激，彼此加強。一輛工程卡車夾帶著卡在它輪胎中的扛板歸種子到達這裡（或是透過鳥的糞便）、鋪路鹽排入河床、在這裡搭蓋六棟新房子、需要將十二畝土地上的樹木全部清除掉（連同其涵養水份的根部），最後河床退化。這些對環境的人為傷害，基本上與扛板歸並沒有什麼不同，也是頑強、盲目的，充滿種種偶然。它的毀滅力就跟生活中許多其他事情的毀滅力一樣，不是經由選擇或設計，也不是基於什麼意圖，而是來自於疏忽和缺乏關注。

人類對破壞的容忍力似乎完全沒有上限。就像在睡夢中，聽到電話鈴聲、狗叫聲或是隆隆雷聲時，我們非但不會因為這樣的干擾而驚醒，反而將其詮釋在夢境中，雖然遭到些意想不到的突兀所扭曲，夢還是會想辦法繼續下去，接受這些新的插曲，將其整合進來。

「科學並不完美，」歐伊斯垂克那天在小溪邊曾這樣說道：「它也從來沒有這樣宣稱過。但有些人就是需要確定性。他們需要事實。但事實總是不斷在變化。科學是目前我們能得到的最好的一種知識形式。」他講的這最後一句話，竟然莫名地貼近一直以來我自己定義詩的方式，我認為詩是我們在任何一個時刻對世界最好的認識。在像這樣的時刻，很容易相信，儘管科學家和我們其他人完全在不同的經驗領域中工作、思考、想像以及臆測，但這一切都有可能聚合起來。

傑克森溪和其兩邊的樹林似乎標誌著美國社群內兩個指標性中心的邊界。記分板、發著光的可樂販賣機以及在鐵鍊柵欄上掛著富含節慶意味的紅白藍彩旗，球場象徵著小鎮的美式社交生活。當然，小溪另一邊的教會則是一種象徵共同福祉的存在，訴說著另一個截然不同的故事，但同樣根植人心。在我前去造訪的那天，教會的一群男孩參與了童軍團計畫。他們搬動石塊，翻開泥土，架起一座「苦路」，傳達基督受苦、沉思和拯救的訊息。這讓我想到，不過就在幾百步之外發生在楊樹、樺樹和楊柳樹上種種不同的進展，在那裡還沒有展開任何補救措施。

儘管採用不同的語言和語調，無論是球場還是教會，都在訴說著，集體努力是美國這個國家的一大特色。有很多事情都會將我們聚集起來，在星期六的早上，不論是分享信仰還是打球，都是將我們納入社會結構中的儀式。這樣看來，似乎很難理解為什麼類似的共同努力不能適用在處理造成樹木窒息而死的雜草和漿果的問題上，這些樹木就位在美式生活的兩大基礎之間。又或者是，為什麼我們不能設計出一些社會倡議來復育退化的小溪，清除沿著它蔓延的扛板歸，解開其束縛。

CHAPTER

11

梣樹裡的蟲

Insects in the Ash Trees

我們對自然界的認識以及捍衛它的措施似乎是透過實用知識、研究、分類、鑑別和已知事實而建構出來的。生態學是在研究這整個世界的性質，而不是我們可以想像出來的世界。所以當你門外的世界頓時呈現夢幻般的光澤，要怎麼解釋這一切？

這就是二〇一一年六月，當我第一次注意到在沿著河谷的公路邊上，每隔幾里路的樹木都掛著紫色箱子時，心中產生的疑問。這些以亮黃色的繩子固定在樹梢的楔形箱子，好似漂浮在微風中，也許是從一群兒童風箏中掙脫出來的，或者是那種常常卡在樹枝或電線桿上的奇怪氣球，預示著街坊鄰居之間即將要辦個什麼聚會。就像其他可能掛在樹上的東西，不論是聖誕吊飾、紙燈籠或是塞滿糖果的節慶玩具皮納塔（piñata），難免都會在這樣一個夏日午後，傳達出節慶的感覺。

但想當然爾，這不是一個派對，綁在其上的亮黃色標籤解釋道，這是紐約州環境保育部為了執行監測梣樹綠吉丁蟲（emerald ash borer，又稱光臘瘦吉丁蟲）的計畫，而懸掛的陷阱。這種修長，帶有金屬光澤的綠色甲蟲，目前在全美的梣樹上，吃出一條血路，迄今為止約莫毀掉將近六千萬顆樹。北美洲有十六種梣樹，共八十億棵，當中沒有一種能夠抵擋這種蟲，牠們啃食樹上的葉子，沿著葉緣咬下形狀不規則的缺塊。雌蟲會棲息在樹上，穿過樹皮縫裡的孔隙，在夏季時產卵在樹皮下的維管組織中。一旦孵化，約兩、三公分長的白色幼蟲，開始張口咀嚼，在微管組織中咬出一條隧道，將其消化殆盡，並且打造出一道感染迴廊，阻止其寄宿的梣樹獲得養分和水分。遭綠吉丁蟲入侵的樹，其死亡率是百分之百。

這種昆蟲本身並不會長距離遷徙，但就跟多數的非原生種一樣，牠也是搭便車的高手。牠們是中國原生種，最初在二〇〇二年於密西根州發現，很有可能是經由貨運板架到達美國。儘管現在的伐木工人對於所運送的木材都很謹慎處理，但露營者生火使用的木柴往往沒有經過爐乾程序，因此可將昆蟲帶去任何他們所選擇的營地。到二〇〇九年時，梣樹綠吉丁蟲已抵達紐約州，而到了二〇一一年夏天，儘管頒佈了使用營地木柴的禁令，在哈德遜河西邊的幾個郡，卻已經發現牠們密集的群聚。感染的樹最初出現樹冠稀薄的現象，樹枝會先死亡，然後葉子萎縮，新芽會在樹的主幹上亂冒出來，有時候，看到啄木鳥在樹上開心地捕食幼蟲的身影，也是梣樹綠吉丁蟲感染的訊號。當蟲要離開樹時，會在樹幹上留下一小個D形的孔洞，不過這些象徵離去的微小文字符號不易察覺，通常感染只會造成少數幾種可見的症狀。這種甲蟲有可能在梣樹中生長長達兩年而沒有被發現。這樣長的時間足以毀掉整棵樹。

在紐約，將近有百分之七的樹是梣樹，所以它們的消失勢必會造成森林結構和特性發生無法扭轉的變化。撇開森林的健康和多樣性不談，這也造成重大的經濟損失。梣樹的木材可用來製造工具、運動器材、家具飾面和地板。美國都會區的大道上都有種植一排排的梣樹，不僅為整個城市的街道提供宜人的樹蔭，也會吸收二氧化碳，是儲存碳的場所。這些樹對於城市街道的舒適性提升難以量化，像是冷卻周圍區域、阻擋風勢、吸收空氣污染。失去梣樹就等於是失去一項寶貴的美國資源。

雖然在哈德遜河西岸的西點軍校已經有梣樹綠吉丁蟲的記錄，但在二〇一一年的夏天，尚未在東岸發現，這裡是通往整個新英格蘭區的要道。因此這些陷阱主要是當作檢測裝置。環境保育部的團隊在春末和夏初時，一共裝了三百或三百五十個陷阱。在大約一個月的時間後，他們檢查陷阱中是否有蟲，並拿掉外加的誘餌，確定陷阱完好無缺，沒有因為天氣而脫落，或是遭到居民移走。

參與環保部在阿爾巴尼郡的森林健康計劃的科學家傑里・卡爾森（Jerry Carlson），負責監督這個偵查計劃，他介紹我認識下鄉檢查陷阱的團隊。在這個七月的下午，接待我的是來自錫拉丘茲的紐約州立大學環境科學與林業學院的兩位實習生，一位是林業資源管理所的研究生布萊恩．艾利斯（Blaine Ellis），另一位是主修保育生物學的大學生艾咪．齊雅紐西（Amy Chianucci）。他們建議我在第一個檢查站與其碰面，也就是傳說中位於海德公園，俯瞰哈德遜河的范德比爾特（Vanderbilt）莊園。由米德．麥金（Mead McKim）和懷特．麥金（White McKim）於一八九六年設計的這座慶祝鍍金時代（Gilded Age）的宮殿，圍繞著寬敞的花園，還有各種園景樹，包括銀杏、鐵杉、藍葉雲杉、高聳的山毛櫸、日本紅楓和糖楓、正在開花的山茱萸以及梣樹。

不過陷阱是掛在河附近一處較偏僻的小樹林裡某棵更小的梣樹上。這裡的林子雖然小，但樹並不少。雖然不是知名的美國花園的指標性建築，這園子依舊獨具特色，樹冠茂密濃郁，明亮的卵圓形小葉捕捉到河面的點點反光，映照這個下午。梣樹的分枝是對生，彼此相對的生長，很容易將河岸的這棵樹看作是一種活生生的、有氣息的、寧靜致遠的模範。布萊恩將綁住陷阱的麻線解開，輕輕地將它從樹上拿下來，這時我才看到其中相當簡單的結構：一塊紫色波浪狀塑膠折疊成三等份，以塑膠紮帶綁在一起，頂部是金屬噴頭。整個大約寬三十公分，長六十公分，其鮮豔的色調主要是昆蟲較容易看到光譜遠端的波長。

陷阱內部從噴具懸掛下來兩個引誘昆蟲的小袋子，含有費洛蒙己醇（pheromones hexanol）和麥盧卡油，這兩者都模仿梣樹葉的揮發性化合物來吸引這種甲蟲。誘餌的香味一開始是淡淡的橄欖油味道（梣樹跟油橄欖同屬一科），不過緊接在後的是一股強大的霉味，相當刺鼻，包在小袋中，轉為一股微微的化學味。一旦這股味道吸引昆蟲進入陷阱，牠們就只能待在那裡。箱內的稜柱上已經塗上一層無毒膠水，一旦昆蟲降落在盒子內，就無法動彈，難以脫身；這膠水的名稱十分有趣，產生某種呼應，讓人聯想到這一切包括綠吉丁蟲到對付牠的方式，都是《哈利波特》的作者羅琳所創造出來的，讀讀下面這段生動的術語：捕捉梣樹綠吉丁蟲紫色稜柱陷阱，塗上了「Tanglefoot牌」害蟲阻絕劑（Pest Barrier）。這讓我想起在河邊除草時用的簡單泡棉浮條、大力膠布還有水桶，再一次對人在處理自然災害時所使用的工具竟然這麼常讓我們回想到兒時玩耍的東西，而感到驚訝不已。

現在，布萊恩和艾咪前去檢查稜柱表面上所收集到的昆蟲。儘管當中並沒有梣樹綠吉丁蟲，徘徊在期待和忐忑不安之間的艾咪嘆了口氣地說：「這只是時間問題。」豪宅莊園裡的那些更大的園景樹，可以一棵棵地單獨處理，以對抗蟲子，但目前並沒有能夠安全處理大片森林中一般梣樹的方法。現在，艾咪和布萊恩只能繼續添加新鮮的誘餌袋，將陷阱掛回樹上。他將黃色麻線綁到樹上，打了活結，這陷阱會繼續擺在那裡，直到九月進行第二次檢查，才會將其移除。

目前發生在美國東北部森林中的事，重點可能不在於到這裡的蟲是什麼，而是到達的速度有多快。非原生物種的適應情況其實就是，牠們會自行找到安身之處，順應自然的規律，那些強韌的新住民會展開一場調整，讓生態系達到一個新的平衡。卡里研究所研究森林生態系的生態學家蓋瑞・洛維特（Gary Lovett）表示問題出在其加劇的速度。洛維特目前正在研究鐵杉羊毛球蚜（hemlock woolly adelgid），這種昆蟲現在造成東南部和中大西洋各州的鐵杉大量死亡，並且慢慢往北移動；目前在從緬因州到喬治亞州等十六個州內肆虐，衝擊最嚴重的是維吉尼亞州、紐澤西州、賓夕法尼亞州和康乃迪克州。昆蟲無法度過長期的嚴寒氣溫，所以目前尚未在整個東北地區發現他們的蹤跡，但是，隨著氣溫升高，這情況有可能會改變。

目前尚未有足夠的時間得出非原生物種長期循環的結論，洛維特表示：「差別在於這會以多快的速度發生。我不喜歡這樣。我不想失去所有這些物種。」尋找棲地以及在瞬間爆發的蟲害中重建平衡，可能需要一千年的時間。鐵杉林可能恢復，但可能需要一千年。雖然他一生都投入於研究森林的組成，他補充說道：「我無法預測一個世紀之後，我們的森林將會是什麼樣子。太多的事情正以太快的速度發生，因此我們無法任所有入侵物種就這樣大搖大擺地進來，然後交由自然來應付，這樣的觀點不適用在這個時代。我們不知道明天會有哪些新物種到來。我們正處在一個未知的領域。」當被問及這些用於描述外來植物的語彙是和談論移民的那些煽動言論之間的呼應關係時，他回答道：「關於移民的比喻就只是一個比喻而已。這是兩回事。我們知道，有些入侵物種能在短時間內造成巨大的損害。如果我們能夠加以識別，並且阻絕其進入，我們會過得比較舒服。」[1]

我整個下午都跟著布萊恩和艾咪，隨同他們檢查完九個樣點。在這一季的早些時候，環保部的其他成員在約二點五公里見方的面積內，劃設一套網格，以此來懸掛陷阱。因為目前這個郡屬於高風險區，在一個網格內會懸掛好幾個陷阱。選定掛陷阱的樹幾乎都是生長在離路中心三公尺左右的距離內，在這個距離內裝置陷阱，研究人員可以不需要取得地主的授權距離；在資源有限的情況下，若是還要與私有土地的地主聯繫，可能會大幅增加成本，拖垮整個計畫。

只要有可能，都盡量將紫色稜柱掛在生長在空地上、充滿陽光的樹上。不過，在某些情況下，這是不可能的，況且要定位梣樹，尤其是那些沿著路生長在茂密樹叢中的，這本身就具有相當難度。在郡的這一區，於各地穿插的小徑往往是古牛道，它們跨越了舊農場、老式石穀倉和古老的墓地。在經過一個樣點時，布萊恩和艾咪駕駛的銀色大切諾基吉普車（Jeep Cherokee Blaine）上的GPS裝置突然出現一連串意外的指令，頓時這整件事似乎變成是一種介於尋寶遊戲和某種真實世界的棋盤遊戲。之所以會有這樣的聯想，完全是因為這種陷阱通常稱之為「巴尼陷阱」，這是因為電視節目中恐龍「巴尼」和其有一樣的色澤。

在每次造訪一個樣點結束的時候，都會感受到這場活動屬於遊戲的那一面，尤其是當布萊恩在檢查完陷阱，重新將其掛在樹梢的時候。將樹藝師的橙色小沙包連結在黃色麻線的末端，他將其扔到樹枝的另一端，繞了兩圈麻線在掛陷阱的樹枝上，然後將麻線拉下來，沿著樹幹繞圈，打結。儘管陷阱看起來像是漂浮在樹枝上，事實上它們相當牢固地連結於其上；要是因為風或其他天氣狀況遭到移動，它們可能會沿著樹幹和樹枝刮動，磨掉膠水。若說尋找這些樣點、丟橙色沙包、繞黃色麻繩全都是在滑稽地模仿某些戶外遊戲的簡單動作，這些受到蟲害的梣樹也剛好適合戶外活動的需求。它們的木材輕、結實有富有彈性，非常適合用來製造棒球的揮棒。在金屬和複合材料出現前，梣樹是首選的曲棍球棒、網球拍、鍬钁和遊樂場設備的材料。美國知名的球棒大廠Louisville Slugger為了製造大聯盟球隊所使用的球棒，曾在紐約州與賓州邊界附近種植北方白梣樹，該製造商在其網站上表示，他們現在正和美國聯邦農業部以及賓州農業部密切合作，監控這種昆蟲的存在，並表示公司已經在測試其他樹種。

儘管還在接受林業訓練，但布萊恩在工作時總對樹林心懷謙敬。他天生就是一名託管人，刻意避免踩在雜亂的老石牆上，「因為它太漂亮了」，要是他必須得砍掉那些糾結在他所纏繞的麻線周圍的豚草或毒藤，他也會小心翼翼地處理，避免對樹造成傷害。他和艾咪發展出一種並肩作戰的同志情誼，當中混合有幽默、親切、耐心和順從，這些情誼通常發生在那些試圖照料處於巨大危機的人或事的夥伴之間。

當我們驅車前往一私人住宅用地時，布萊恩突然屏息驚呼：「哦，我的天啊！那是一棵栗樹嗎？」艾咪停下來，看都不看地低聲說道：「這是他最喜歡的樹。每次我們看到美國板栗時，都得停下來。」「那是因為它們都死了，」布萊恩應了一聲，並從車子衝出，衝到草地那裡，暫時擱下對於在未取得許可的情況下，不得擅闖私有土地的保留權。不過後來他發現這棵樹並不是象徵美國林業的指標物種，只是一棵岩櫟（chestnut oak）。在花了一下午查看我們希望不要找到的東西（死了的板栗）

之後，在某種程度上似乎與我們「找到了什麼珍惜事物」的心境相吻合，即便相當虛無縹緲。布萊恩也許是個實事求是的人，但是在與美國板栗短暫相遇後，他科學中立的態度完全融化。「我甚至嘗試過要自己種一棵，」他說：「但是沒有成功。」「那一定讓你很難受，」艾咪語帶戲弄與同情地說，接著兩人就將注意力轉移到旁邊一棵梣樹上的陷阱。

近距離看時，稜柱的每一個面板上都有一幅很像是抽象畫的圖案，當中充滿圖像的語彙。儘管具有十分精確的幾何形狀，其外部的構圖組成反倒是十分即興。昆蟲王國已被夷為平地，分散在一張充滿姿態的畫布上，微小的蠅、蛾、蚊、胡蜂、長腳蜘蛛、小甲蟲，以及散落四處的螢火蟲，組合成一幅動態書法，還有一些枝葉、花粉、種子，以及，梣樹的果翅，這一切讓人不免想到藝術家塞・托姆布雷（Cy Twombly）曾在道奇斯郡的這片樹林裡設立工作室，創作出極為精確又高深莫測、難以言喻的構圖。

三面的紫色稜柱陷阱，就如名字所隱含的那種清晰度一樣，其充滿偶然性的構圖，既隨機又充滿資訊，顯現出下一步將會出現什麼。就它所含有的資訊來看，其如同象形文字的表面既表示過去，也預示著未來。它可以在一個七月下午的梣樹枝頭上擺動，也可以掛在觀念藝術博物館的牆面上，好比說離這裡往西幾里路的迪雅畢肯美術館（Dia:Beacon）。經常有人在談論藝術和科學的融通（convergence），而我在這裡可以拍胸脯向你保證，若是你家附近掛有一個紫色稜柱陷阱，一定要好好端詳一番，因為那樣的聚合，真的存在，就掛在梣樹樹枝下。

不過，若說我傾向於將陷阱的表面看成是一幅引人入勝的表現主義的畫布，布萊恩和艾咪則是以截然不同的方式在研究，他們仔細檢查表面，輕輕地以他們的解剖鑷子拿取，抱持著編寫猶太法典的學者精神來解碼和破譯這些原始數據。我現在覺得檢查陷阱彷彿是前往一處單獨的宇宙，在那裡短暫停留，要同時動用到感官和智力。在這個悶熱的七月下午，誘餌的油性香氣變得讓人難耐，稜柱黏膩的表面再加上其華麗的顏色，全都在設法創造出一個屬於他們自己的小小瘋狂生態圈。

布萊恩用鑷子挑起表面上一隻微小、乾癟的甲蟲，其修長的外形、大小，和暗色但反光的金屬色外殼，全都與梣樹綠吉丁蟲的特徵類似，不過當他把這甲蟲跟他為了鑑定而隨身攜帶裝在小瓶子裡的綠吉丁蟲比較時，可清楚發現後者的頭較明顯，球狀的眼睛也較大。若仍有懷疑，梣樹綠吉丁蟲還有紫色的翅膀，藏在牠們的金屬綠殼下。

此時，布萊恩已經將注意力回到稜柱的表面上。「這上面有各種小東西，一隻像是甲蟲的小東西，還有卵」，當然，也有蜉蝣、葉蟬，乳草羽毛狀的花絮，蟬殼的碎片和一隻小的綠蚱蜢，一旁還有排列整齊數不清的白點，為這些小昆蟲的延續本能佐證。但這一次，仍然沒看到梣樹綠吉丁蟲。「我並不希望找到牠，」艾咪說：「但我也不期待會找不到牠，」人在面對不想接收的資訊時，常會使用這樣充滿猶豫、不確定性的雙重否定的隱晦用語，心裡知道這只是一個時間的問題。

又或許，這只是她越來越熟悉這樣的模糊地帶。如果我每次出野外，參加這些實地考察，都以為科學家用一絲不苟的標準對待他們觀察到的事實，充其量我只正確了一部分。最近這幾個月，甚至是這幾年來，我經常在想，科學界和我們其餘的人對地球生命的觀點最主要的差別在哪裡？真的有這樣的差別嗎？現在我明白在他們對可靠數據的持續探求中，大多數的科學家只是比我們更習慣面對未知；他們不只是與未知對話，而且對其釋放出友好、親切，甚至是親密的態度。

整個下午，不時會有當地居民開車經過，放慢速度，停下來問布萊恩和艾咪在做什麼。這是紫色稜柱的另一項成功之處，儘管陷阱的尺寸、形狀、味道全都是為了吸引特定昆蟲，但這些特徵也引發人類的好奇心。這樣的關注並不常出現。在守護者的工作中，昆蟲往往位於人類感興趣事物中的最低階。人類會最先對處於困境中的動物有反應，那些長有眼睛、心臟會跳動、有感覺的動物，最能喚起人類的同情心。接下來是植物，這是我們肉眼可見，而且珍惜的生物，無論是因為植物提供我們食物來源、展現出來的自然美感、樹蔭或花香。但是，微小的昆蟲世界，幾乎難以察覺，往往變得十分抽象，因此我們對牠們通常都抱持不置可否的冷漠態度。「我們想透過公民科學家來讓大家認識梣樹綠吉丁蟲，但我們沒有資金來提出這個計畫，」傑瑞．卡爾森在一個星期前與我通電話時，這樣說道：「我們可以號召志工來收集昆蟲、監測和檢查陷阱，確保裝置沒有遭到破壞、砍伐、擊落或脫落，或是受到天候狀況所損壞。」這些在馬路邊的問答時間，或許可以是讓公眾認識這種昆蟲族群以及提高注意力的先例，這不太可能透過其他更常見的方法來傳達。

路邊的即興簡介，也可能是科學家和私人地主之間出現了威廉．施萊辛格（William Schlesinger）所呼籲的「轉譯生態學」（translational ecology）的實例。當然，地方居民的好奇心，有時也混雜著懷疑和不信任，而布萊恩明確的答案似乎讓我們朝著建立這樣一種聯盟關係的方向又邁進了一小步。

這一天的最後一棵樹是在我們之前開車經過的地方，我們得調頭找這棵瘦小的梣樹。本季開始時將這陷阱掛在樹上的人，將其纏繞的太緊，以麻線在樹幹周圍繞了好幾圈，最後還煞費苦心地打結，但其實根本沒必要。布萊恩一邊抱怨一邊解開陷阱，最後終於把它拿下來，不過在這位前人的過度努力中，似乎看到某些熟悉的東西：偶爾我們都可能都會陷入這樣一種謬誤的方程式中，我們相信，若是投注大量的努力，即便毫無意義，在某種程度上還是有助於確保我們所希望發生的結果。

「我只是喜歡梣樹而已，」艾咪低語，比較像是在跟她自己對話，而不是對我們兩個說。「現在，當我開車時，若看到梣樹，我會注意到它們，會認得出來。它們真的太美了。」喜愛一項你認識的東西比較容易，還是不認識的東西比較容易？也許你可以為這兩個觀點找到很好的論點。當喜愛的東西總是很遙遠的時候，很容易愛上不認識的東西，它充滿神秘感，引人遐思，全憑個人的慾望、期待和幻想來組成其形狀和顏色。但是，在我們延伸自己因為付出努力來認識事物而產生自我尊敬之感時，另一種想像力上場了，而我推測最後是這種熱情更容易維持下去。

不過這時已經進入傍晚，紅尾鵟劃過天空，在低空處留下一道弧線。布萊恩和艾咪今天檢查了十三個陷阱，都沒有找到這些吉丁蟲的身影。「不能說因為你沒有看到牠們，就表示牠們不存在，」艾咪嘆了口氣說。她知道牠們就在不遠處，就像她知道不可見和不存在之間的差別。「我不希望找到牠，但我還是想要收集到牠們，」她說。還不到二十一歲，她就充分體會到尋找那種希望永遠不會找到某種東西時，那種異常可怕的感覺。

當我第一次在初夏時分看到懸掛在枝頭的紫色稜柱時，總是會聯想到某種慶典，在當中感受到一些節慶的氣氛，之後，這些想法全都煙消雲散了。現在，夏天接近尾聲，看著它們從梣樹上被移除，浮現心頭的是在許多文化中都存在的典型許願樹，比如說日本寺廟庭院中供各地祭拜的香客綁上祈願文的那些松樹；或是我曾聽說過，在蘇格蘭有棵供人許願的橡樹，人們會將許願的硬幣敲打進樹幹裡；在荷蘭還有「結婚樹」，讓婚禮的賓客將他們對新婚夫婦的賀詞綁在樹枝上。

我們與自然界的對話，就跟人際之間的對話一樣，可能有很多形式，內容也很廣泛。不過，我覺得在我們與樹溝通時，常常帶有懇求的語氣。對我們來說，將樹看成是自然界中最能反映和表達內心深處的祝願形式，將其視為存續和耐力的象徵，似乎再自然不過。也許這是出於原始的本能想像，一棵枝繁葉茂的樹可以包含並實現那些我們渴望的事情。然而，那年夏天懸掛在道奇斯郡樹林裡的，卻是對樹本身的希望，如今這個象徵本身處於危機之中，我不知道這樣的轉變是否透露出我們發現自身也陷入了困境。雖然紫色稜柱陷阱所傳達的訊息遠比一枚小硬幣或是大家親手寫下的婚禮祝詞複雜，更擁有不同層次的意涵，但大體上似乎還是繼續延續這一傳統，反覆傳達我們嚮往一個更有秩序的宇宙，彷彿是一種我們向周圍世界投遞的請願書。

後記：二〇一二年三月，在道奇斯郡北方的三顆梣樹上發現了梣樹吉丁蟲入侵的證據，粉碎了之前的最後一絲希望，以為哈德遜河可以當作是阻擋這種昆蟲的地理屏障。早期發現或許有助於防止其迅速蔓延的防治措施，也可以治療受感染的個別樹木。在其他地方，地主可以計劃種植其他種類的來取代梣樹。目前還不清楚阻止這種甲蟲大舉入侵，或是治療大面積遭到感染的樹林的方式。

CHAPTER

12

岸濱之鵰

Eagles on the Shore

記錄數據、統計、和觀察事物如何增加或減少等，對絕大部分的人來說是與生俱來的本領。我想，多數人都有辦法直觀地進行度量衡。我們藉此追蹤自身的損失或收益，而當某些度量衡得到的數字不對勁時，大概也能反應出自然事件的狀態——或許是雜草蔓生，也許是蝙蝠數量減少，或甚至只是場暴雨。同樣地，計算鰻魚、鯡魚的數量，或量測美洲苦草床的範圍，也許這些匯編數據的工作都是支撐起這個「內部編號系統」的方法，帶給我們一種自然秩序（earthly order）的重要意義。

儘管如此，這些數字工程多半做得不甚嚴謹；事件和觀察是在腦中匆匆以某種直覺記下，而我們之所以這麼做，只是因為這樣看似理所當然。在《數系溯源》（*The Universal History of Numbers*）裡，作者喬治・伊法（George Ifrah）寫道，「數字系統的歷史中，邏輯並非引路明燈。數系之所以被創造、發展，是為了回應會計們，以及教士、天文學家、占星師等人所關注的東西，最後才是因應數學家的需求。」[1] 不過有時候，這樣一份關注也可被更為嚴謹的計量科學所用，或是應用在不同領域的資訊交流時刻，這例子就是水域地質學家兼湖沼學家約翰・馬格努森（John J. Magnuson），他研究的是北半球冰層凍結和融化的日期。他前去日本諏訪湖旁的神社，查看神社祭司——神主（也稱「神職」）留下的記錄。過去五個世紀以來，神主記錄了湖面結冰和冰層開始解凍的日期，因為後者在日本人的信仰中，暗示著神站在那裡的時刻。

得知我們的努力能夠賦予瞬息萬變的自然界一些結構，讓人感到莫名的心安，這樣傳統由來已久，數字能夠為我們的猜測提供一套系統，加諸其上的無非就是我們的希望、推想和猜測。當然，這正是一直以來我在海鵰回到哈德遜河谷時，所抱持的態度，也是我面對牠們的方式。

到一九七〇年時，牠們在谷地裡幾乎完全絕跡。牠們的獵物，主要是魚類和水鳥，全都攝取了大量沖刷到河裡的DDT殺蟲劑。當海鵰吃下牠們，殘留在體內的這些化學物質造成蛋殼變薄，無法孵化。此外，還有其他因素重創這種猛禽的數量，比方說人口增加造成棲地消失，以及為了在河邊興建吸引遊客與商機的休憩用地，而砍伐掉那些老鷹偏好築巢的高大美桐和三角葉楊樹。環境保育部的瀕危物種小組在一九七〇年代開啟復育計劃，他們從阿拉斯加捕捉海鵰幼雛，然後運送到哈德遜河谷野放。DDT的禁令、棲地保護以及環境教育，全都有助於牠們族群的發展，到一九八九年時，有十對海鵰在紐約築巢繁殖。如今，哈德遜河谷是這種鳥在美國本土四十八個州的主要渡冬區之一。在紐約州，有超過一百七十對海鵰在此築巢，光是在哈德遜河流域，就有二十五到三十個巢。

一直以來我都是以自創的即興方式來追蹤海鵰族群的復甦。我們這片河谷裡的狩獵俱樂部擁有大片土地，並在那裡養了雉雞與鴨，其在道路兩側的池塘，成了經年在此棲息以及過冬的海鵰偏好的棲地。多年來，我已經習慣在開車經過山谷時，掃視冬季的天空，在洋槐樹糾結的樹枝或老橡樹的高枝上，尋找海鵰的身影。每次我看到一隻海鵰活生生地在那裡時，總是感到驚艷無比。這是一種對期待的衝擊，確認某種野性的東西還是可能發生，就像在十一月的某一天，當一隻成年的白頭海鵰在我車子前方俯衝而下，然後慢慢升起，朝向北方的沼澤前行，倏地之間一道兩公尺左右的翼展閃過我眼前，牠的白尾在雪白的蒼穹之間劃出一道弧線，一切全都來去匆匆。當海鵰向上飆升時，牠們的翅膀像機翼一樣平展，不像其他一些猛禽形成V字型，而正是在這樣的平直中，重設了這一天的軸線，將我的時間分成海鵰出現前，和海鵰出現後。

又或者是在細雨濛濛的一月天，當冰雪融化，其下方棕色的草與腐爛的葉子和潮濕的樹皮混合在一起，全都密謀著要讓這一天維持在柔和的棕色調。彷彿純粹是受到這如畫的一天的種種偽裝所吸引，一隻白頭海鵰幼鳥停在池塘邊的橡樹高枝上，其斑駁的羽色正好與這樣一個早晨的色階相呼應。

又或者是，幾年前，一個寒冷二月的冬日清晨，早上七點的溫度是零下二十五、六度，是這幾年來最冷的冬天。前一天晚上剛好是週六，有輛汽車在我們家門口撞死了一隻鹿，但是道路清潔隊員，一直要到下週一才能來清理。週日的整個白天，一隻尚未成年的白頭海鵰在那裡啄食其內臟。我們就住在一個十字路口附近，所以汽車經過時，通常都會放慢速度，但若是他們快速通過，幼鵰就會飛到沼澤旁的一棵洋槐樹上，停在樹枝上觀看，等到車子離開，才會返回，繼續牠這場血腥的宴會。我知道賞海鵰的一項基本規則是對其敬而遠之，保持距離，盡量不要打擾，以免嚇跑這些鳥，使其燃燒不必要的卡路里。海鵰的「警戒距離」大約是兩百五十公尺，儘管牠視線的不斷梭巡，可能當你在更遠的地方時就已經被注意到。更重要的是，牠們有大約為有一百二十五尺的「驚飛距離」。當然，這些都是平均值，有些鳥的容忍度更高；不過若是沒有保持這些距離，嚇跑鳥類，會導致牠消耗更多的能量，這在冬天時節，對海鵰來說是一種浪費，也很危險。[2]但我家前院啄食殘骸的鳥，顯然活生生地打破許多規則，車速、道路上的鹿，以及海鵰和這房子之間的近距離，全都沒按照理論進行，所以即便是在站在我自家前廊，看著那隻僅有約十公尺遠的海鵰，我也沒什麼罪惡感。

又或者是，三月中旬，在第一個真正溫暖的春天到來時，我和我的朋友簡一起走去她的池塘。除了生機勃勃的跡象，如：第一批新芽、樹上的花苞以及土地從灰褐色轉到芹菜綠色的細微轉變，其中還參雜有斷裂和騷動的跡象，像是一隻烏鴉的叫嚣、突然冒出的火雞、一叢動物的毛皮、四處亂竄的雉雞和藍鶇羽毛。然後，我們看見了牠們，好事美景有時候就這樣意外降臨到身邊：二隻、四隻，最後一共有五隻白頭海鵰幼鳥在這片池塘的上方，兀自舉辦起一場聚會。沼澤和林地裡的樹木還是光禿禿的，其靜默的樹枝與主幹擺出某種姿態，而這批展開巨大雙翼的空中拾荒者似乎在天空中刻劃出相呼應的網絡，賦與空氣一種我從來不認識的維度。「我能感覺到，地底所有的綠芽都要冒出頭來，」簡說，不過在天空中發生的事情，完全超出我們所能想像的規模。

我所看到的這種種畫面形成一種模糊而不明確的清點，但這本來就非關精確計算，畢竟在這時候正確性並不是重點。但是對真正的數學家來說，甚至還要區份準確度（accuracy）和精確度（precision）之間的區別：準確度是相對於既定標準，評判量測值與其有多接近，而精確度則與測量的方法比較有關係，指的是反覆測量時，是否每次都能得出同樣的結果。一套測量系統可以是精確的，但不準確，或者具有準確度但無法兼顧精確度。我知道我自己內心的權衡評判方式還有待發展，才有辦法辨認這兩者之間的差別，不過，我衷心希望在這個冬天，可以見證一套更為紮實可靠的計數系統。當然，環境保育部的「年度隆冬白頭海鵰族群普查」（Annual Mid-Winter Bald Eagle Census）便是一個可以實際演練的計畫。沿著七百四十條建立好的調查路線，在美國本土的四十八州，以步行或搭乘車子、船隻、直升機和飛機來收集資料。族群普查是為了要建立一套度冬白頭海鵰族群指標，要判定、管理並保護牠們的棲息地，並進一步認識牠們的遷徙途徑和移動模式。

然而，當我在一月的某個早晨，於七點半走出家門之際，滿月正好滑落在西方天空靠近地平線的雲際之間。那時氣溫有零下六、七度，等到我在一個半小時後到達哈德遜河谷的時候，溫度計顯示氣溫已經上升到負一、二度，這又是一個異常溫暖，不合季節的早晨。隆冬似乎只來了一半，或是離開了一半，河流如一條灰色寬廣的帶子，平靜地流動著，毫無結冰的跡象。紐漢堡（New Hamburg）的懷特碼頭，看上去像是一座即興雕塑公園，當中有數十艘漁船、休閒郵輪以及遊艇，全都以藍色的防水布緊緊包著，也許是一處被藝術家克里斯托（Christo）重新配置過的船塢。又或者，在經過包裝和扭曲之後，這些包裹起來的船隻莫名地變成了這個異常季節的紀念碑。

我來這裡是為了要與湯姆・雷克（Tom Lake）碰面，他是紐約州環境保育部哈德遜河口計畫的博物學家，同時也是波基普西的達奇斯社區大學的人類學教師，還擔任《哈德遜河年鑑》的編輯。他同意讓我今天跟著他，沿著長達四十公里的哈德遜河海岸線，調查兩岸共計二十九個樣點。除了日期、時間與樣點外，調查表還要求填上起點和終點、特定水體、調查方法、樣區內是否有海鷗棲息、海鷗是否為成鳥。另外還有溫度、天氣條件、風、雲量和冰。這份表格極為詳細、具體而完整，完全沒有留下猜測的空間。

但是我們在紐漢堡碼頭所能看到的，僅是四散的鷗，還有一隻普通秋沙鴨從低空飛過，往上游而去。雷克推測，大多數的海鷗可能還停留在尚普蘭湖（Lake Champlain）或聖勞倫斯河（Saint Lawrence River）。「牠們並沒有立即到這裡來的壓力，」他說：「海鷗南下已經有一萬五千年的歷史。到河口這裡也有一萬兩千年。鴨子和魚是牠們的主要食物來源。在哈德遜河，冬季有兩群不同的海鷗。除了常年定居於此的，還有一大群是來此越冬的，牠們在北方的水道凍結，冰雪封住食物來源時，便會從新英格蘭地區的北部、加拿大的安大略省和鄰近大西洋的省份往南飛來。雖然很難判定其確切的數量，估計約有兩百五十隻從北方過來，進入哈德遜河沿岸和德拉瓦河的水系。若是德拉瓦和卡茨基爾水庫也結冰，可能會有多達兩百隻遷徙性的海鵰，棲居在哈德遜河這一帶。不過今年是暖冬，北方的水道尚未結冰，因此海鵰會留在原本的繁殖地。

科學家和博物學家的語調往往較為保留，但雷克倒是毫不猶豫地表達自己的激動之情，在言談與語氣之中，將其實際想法展露無遺。當他在傳達某些他很清楚的訊息時，他通常會講得很快，但是當他要講的東西很離奇、難解或未知時，他的語調會放慢下來。他的手勢不僅是手掌，還會動用到整條手臂。此外，就跟多數對野外研究抱持認真態度而且深切瞭解的人一樣，他會整個人切換到能夠接收這當中較為喜劇的一面，好比是一隻雄海鵰飛過頭頂時，掉了一隻小鱘魚在他鄰居的頭上的那個時刻。這類事情確實會發生。而且他不猶豫地將其擬人化。談到海鵰的不良行徑時，如尚未成年的雄海鵰經常心不在焉，或是自我中心的特性，他會率性地形容牠們就像是十幾歲的男孩。而當談到人對海鵰的迷戀時，他無奈地說：「我們愛牠們，但牠們不愛我們。這是一種單相思。」然後，他嘆了口氣說道：「太多愛了。毫無出路可言。」湯姆・雷克確實對這樣一份感情觀察入微，他有廣泛的歷史感，還有一雙明察秋毫的眼睛，為他所做的推測更添一分真實性，使其成為他的基本知識。

我們往南前進了好幾里，但那裡也是什麼都沒有。在河流過了紐堡之後，是洛斯頓（Roseton）和丹斯卡莫（Danskammer）發電廠。當河水凍結之際，發電廠所排放的溫水，剛好為海鵰打開一塊冰封的水域，讓牠們得以進入水中捕魚。而且這兩間發電廠之間長有幾棵三角葉楊樹，是理想的築巢場所，又方便餵養棲息，當冬季十分嚴寒時，這一帶的浮冰便成了海鵰聚集的小島。不過，今年還沒有這麼冷。這個冬天北方的猛禽還沒有什麼理由南下來此。「牠們在上游就可找到食物，」湯姆說：「一直到阿迪朗達克（Adirondacks）的山腳下，河面都沒有結冰。」幾年前，曾動用直升機沿哈德遜河和紐約州東南部來計數，當時記錄到兩百七十七隻鳥，當中一百四十二隻是成鳥，另外一百三十五隻是未成年的個體。但是，雷克在《年鑑》中記錄到：「計算海鵰的方式可能不夠精確，因此彙整總量時必須格外謹慎。在沿河的相同範圍裡，約三、四公里的距離內，光是一個小時的差別，鳥的數量就由四到十隻變回三隻。」若是計算海鵰的數量是某種努力量化我們生活中野性的部分（確實也就是如此）那也許我們註定會陷入這樣難以捉摸的狀況。

測量河面上的冰是一種即時演練。完整的河冰記錄需要有結冰期、厚度以及覆蓋水底的百分比等因素，所有這些不斷變化著。在哈德遜河的河面上，這樣的資訊更是詭譎多變，因為其支流數量繁多，而且下游河水的鹽度也有影響。不過，河冰的測量資料可作為氣候變遷的可靠記錄，一如馬格努森（Magnuson）在二〇〇〇年的研究中所顯示的。在研究這一百五十年來北半球的湖泊和河流的冰層覆蓋狀況後，他發現，目前在地表結冰的時間每一百年就延遲五點八天，而冰解凍的時間，每百年就提早六點五天，這些平均值意味著氣候正在變暖。[3]雖然哈德遜河沒有類似的冰層長期記錄，但還是有些跡象可尋，美國海洋防衛隊的快艇通常在十二月中旬開始於河面破冰，在三月底完成這一季的工作。以二〇一〇－二〇一一年的冬天為例，河面上首次結冰的日期是十二月十六日，而冰層一直維持在河的北端，直到三月十日。但是今年，直到一月十六日，都還沒有河冰的記錄。到十八日時，這條河又是毫無凍結的狀態。過了一天之後，某些地方再次出現一、兩公分的冰層，到一月二十四日時，形成了兩到五公分的冰層。但是到一月二十九日時，這條河再度完全融解，整個冬天都維持這樣的狀態。[4]

我們的下一站是河對岸的巴爾姆米勒（Balmville），就在紐堡市的上方。雷克在他車子引擎蓋上攤開一張這條河的圖表，讓我對這裡的海鵰棲地有初步的認識。河面上刮著北北西方向的風，所以海鷗比較傾向朝南邊能夠避風的半島飛去。牠們尋找各種方法來減少能量耗損，越少遇到強風和壞天氣，需要較短的狩獵時間。他將他的雙筒望遠鏡對焦在布羅克韋（Brockway）那一側的遠岸，那是一座老磚廠的遺址，就在畢肯市（Beacon）的北邊。從這個距離很難判斷，那裡是長一棵美東黑核桃還是洋槐，但確實有隻白頭海鷗停在其上。我瞇起眼睛，調整望遠鏡，掃描河岸。我總是對河的對岸竟然有那麼遠，感到震驚不已。在約莫一分鐘之後，我看到微小而模糊的白點。我們在這裡，在這條全美數一數二的大河河岸邊，尋找象徵美國的一種猛禽，但放眼所及，只是一大片灰濛濛的水邊，幾點蒼白。若說這不是重大的規則，我真不知道什麼才是，而這樣的潛規則就出沒在我們的生活中。

海鷗也是一種前哨物種（sentinel species），就和那些在食物鏈頂端的魚類、鳥類和動物一樣，其健康狀態必然反映出周圍環境的健康。若是一個前哨物種因為飲食中的毒素而承受壓力，就可以作為探討這些壓力對人類健康影響的模型。海鷗、魚鷹、大白鯊和老虎這類大型的前哨物種，數量少、容易滅絕、罕見，並且往往是能夠引發想像力的神話生物。這樣一種稱號似乎特別適合於牠們這類猛禽。牠們的眼睛可以同時看到前方和兩側，在三、四十公尺外就可以瞄準水中的魚。儘管一隻盤據在北美鵝掌楸枝頭掃視河面的孤鵰可作為此處生態系健康狀況的指標，但在牠的警覺和承擔中還帶有某種其他的成分，激發我們的想像，彷彿還有另一種福祉的存在。多數人傾向將動物與某種神秘世界聯結在一起，這樣的聯想可能是自然而然發生的。在每塊大陸以及每個文化的神話和寓言中都看得到這樣的想像集合體。無論是其強度、耐力、知識、美貌，或是其他一些我們認為自己缺少的特質，人類總是設法在動物界中尋找到某種心靈的慰藉。就算說今日的我們已經逐漸揚棄這樣的傾向，海鵰在人的心中仍是一個例外。我們持續在牠們身上尋找某種奔騰向上的精神。我們將其當成是前哨物種。這樣一來就有更多的理由來追蹤其數量。

我們的下一站是紐堡的下水碼頭（Newburgh Boat Launch），就在幾里外的下游。現在的氣溫是一點六度，天空一片晴朗。一隻巨大的普通秋沙鴨在鷗群之間靜靜地漂移。還看到一隻黑海番鴨，大概正在遷移。而在河的對岸，離這裡約莫一公里半，有兩隻白頭海鵰的成鳥棲息在美桐上。又一次，雷克幾乎是瞬間就找到牠們，等到我調好望遠鏡，其中一隻已經飛走了。留下來的另一隻，在我眼中也只是遠岸的一小顆白點。我想起洋槐中的蝙蝠，牠們的存在也只是一陣微弱的低鳴，而獵人溪裡的鯡魚，不過就是一道水中快速移動的光影。我們有多麼容易錯過所要追求的。

我們開車往南幾公里，去到梅花角（Plum Point），但那裡只有幾隻鷗相迎。「在典型的冬天裡，會看到更多未成年的個體，」雷克說：「我們今天所看到的，可能只是當地的留鳥。」白頭海鵰的幼鳥通常會聚集在一起，若真的有候鳥遠道而來，南下至此，這裡就是容易找到牠們的地方。我們望向河對岸的丹寧角（Denning's Point），那是一處狹長的半島，從畢肯市向南延伸進入河裡。那裡的河水很淺，退潮時的灘地成了海鵰豐盛的饗宴廳。

再往南一點的康沃爾（Cornwall），有群加拿大雁低空飛過水面。鷗群棲息在之前艾琳颶風過後於淺水區留下的腐爛碎片和漂流木上，在那裡拍打翅膀和鳴叫著。幾隻巨頭鵲鴨沿著河漂流，還有一些綠頭鴨。雷克告訴我，海鵰行一夫一妻制，現在正是每年重新整修鳥巢的時候。我們在紐堡的下水碼頭看到的那兩隻，很可能在這裡已經棲息了四、五年。隔水望過去。海鵰降落在河上停棲著鷗群的浮木時，往往會造成一片混亂，他說，但有時候鷗知道牠們並不餓，會很樂意地與其分享同一個地方。「牠們怎麼知道海鵰的肚子不餓？」他反問道：「我不知道。沒有人知道。」不過顯然這樣的困惑讓他感到開心。因為就他對哈德遜河海鵰所知的一切來看，他似乎樂見這種猛禽和鷗群保有一些自己的秘密。

河的對岸長滿刺槐、白櫟木、美桐和楊樹，換言之，這裡提供海鵰良好的棲身之所，按照雷克的說法，一棵好的「海鵰樹」要長在河岸或是靠近河邊，通常位於避開盛行風的位置，陽光充足而且視野遼闊，可俯瞰水景。樹冠可能很大，樹枝粗壯往水平方向延展，這些特徵便是良好的育幼棲地。近幾十年來，為了開闢廣闊的河流景觀，許多這類樹木都遭到砍伐。（「視域」〔Viewsheds〕，雷克不置可否地哼了一聲：「弗雷德里克・秋吉（Frederic Church）也知道視域，只是他不用這個詞。」）「海鵰樹的法則可歸納成易進易出，」雷克說，但今天，海鵰樹上仍沒有海鵰的蹤跡。現在是上午十點，雲層變薄，透出淡藍色的天空；氣溫四、五度，感覺像是一個四月初的早晨。他稍後要去威斯切斯特（Westchester）開會，但在回去的路上，還會再去看幾個樣點。儘管前方還有八、九十公里的海岸線等著他觀察，但在這一天結束時，計數一直停留在那些我們上午看到的，沒有再增加。

我也認得一棵海鵰樹。去年四月，我的朋友波利帶我到附近的哈德遜河東岸的鮑登公園（Bowdoin Park），那裡有一對海鵰在一棵高聳的北美鵝掌楸上築巢。環境保育部一直在監測鳥巢的情況，確認在三月三十一日前後有兩顆蛋孵化；幾個星期後，在成鳥帶食物回巢後，有人看到巢中有兩隻雛鳥。下午我們到了那裡，這是春天降臨後第一個高溫的日子，溫度將近有八、九度。母海鷗在巢裡，鳥巢看上去像是一個大碗，卡在樹枝間，由枝枒組成，搖搖欲墜的樣子，當中還穿插著一、兩根奇形怪狀的松樹枝。幼雛的身影仍不可見，不過波利告訴我，她前一天來的時候曾瞥見一眼。母海鷗在巢中休息時，仍保持警覺，她雪白的頭映襯在清晰的輪廓中，視線從河面往西延伸到公園裡孩子的遊樂場，以及幾個健行者在走的步道上。海鷗會受到水上快艇、摩托車、舷外馬達、和過於吵雜的車輛與人群所干擾，不過在這個春日的午後，公園裡只有兒童的笑鬧聲和健走者的腳步聲，上演的是一場較為安靜的戲劇，似乎並沒有影響到頭頂上那些樹枝間的飛行者。

片刻之後，樹枝搖曳，周遭的空氣似乎全都在震動，雄海鷗回來了，停在相鄰的鵝掌楸樹上。就他的重量和體型來看，他算是相當輕盈地降落在枝條上，安頓好之後便開始理羽，抖動一身的羽毛，牠的目光從鳥巢、河邊一直掃視到對岸。冬天，幾乎沒有綠芽的樹枝形成一微妙的裝飾，看似有一面脆弱的門牆在支撐著牠整個體重，但是在這樣一個春日的午後，似乎還有另一套平衡系統在作用。

過沒多久，我得知其他地方也有看到海鷗。在遠方，跨越半個美國的地方，在四月的二日、三日和六日，分別有三隻雛鷗在愛荷華州迪科拉的鱒魚溪（Trout Run）

畔的魚苗繁殖場中孵化出來。牠們的巢約有兩公尺寬，深度約有一米二，位於高達二、三十公尺的楊樹上，「猛禽資源計畫」(Raptor Resource Project)所購置和負責管理的錄影機，就安裝在鳥巢上方不遠處，提供鳥巢的即時錄像。當我在四月中登錄時，迪科拉正在下雪，而雌海鵰正在前方，重整鳥巢，風呼嘯而過，石板灰的河水從牠身後流過。她正在重新調整鳥巢，啄起樹枝，加以修復和重塑。牠在螢幕上的位置不佳，再加上牠辛勤地保護幼雛並為其保暖，使得我們很難看到牠們的身影。在螢幕下方，不斷有廣告彈出，從優格、穀片、分時度假、反向抵押貸款、金幣買賣、熱成像攝像機到特價機票都有。目前一共有四千三百萬名觀眾登錄觀看。

第二天回暖，積雪融化，風勢減弱，樹也沒動得那麼厲害了，母鳥得以四處移動，不用再忙著修復鳥巢和為小海鵰保暖。她坐在鳥巢後面，讓幼鳥暴露出來，重新調整一下枝條，三隻長著灰色絨羽的小海鵰，在那裡竄動著，彼此互咬。下午三點左右，陽光仍然很強，兩隻雛鳥笨拙地糾纏在一起，啄起鳥巢中的枝條。一陣風吹來，母鳥下方出現一處裂縫，其他部分似乎也開始崩塌。她看來抓住了第三隻，就是在她身體下方保暖的最小那隻。一隻哀鴿發出牠們那輕柔的悲鳴，飄盪在河面。這就是楊樹上生活的日常。在當下，錄影機傳來的細節，令人目不轉睛。

在接下來的兩個月裡，我又分別去看兩個巢，一個是在公園裡的鵝掌楸上，另一個則是我可以從電腦登錄網站後，輕易觀察到的位於楊樹上的巢。幾天內，雛鷳接連破殼而出，難免想要比較一下牠們的生活。愛荷華州的暴風雨有時會導致鏡頭整個結冰，所以螢幕只能看到一片白花花的世界。不過，在大多數的情況下，鏡頭都可提供近距離的迷人特寫。雄鳥位於鏡頭前方，牠的尾羽佔掉大半的螢幕，體背的鱗狀羽緣清晰可辨，羽色散發的虹彩從褐色光澤及暗灰到赤褐再到深紫，顏色的細微差別渾然天成，每支羽毛的頂端捕捉到一點微光，產生一淺黃褐色的陰影。羽毛順服地平躺在身上，但片刻之後，全都豎起，然後高飛，在葉子的震動中，他走了。或者是觀看母鳥在巢中整理的畫面。風重新配置了她所居住的小區，一根長滿葉子的細長樹枝橫過鳥巢，纏繞其中。她不斷地啄著這根樹枝，試圖重新歸位，就跟所有挑剔的家庭主婦可能會採取的舉動一樣。這不是她唯一的麻煩；一隻小鷳張開小翅膀，伸出巢外，接著又踏出牠細長的腳，搖搖晃晃地走在巢中繞了一、兩分鐘，之後才又和牠的兄弟姐妹窩在一起。為什麼我們會緊盯著這個畫面不放，難以停下來，對此我尋思難解，所能想到的是這些在大樹頂部的小生命，相對於別處快速移動的生活，為我們帶來一種沉思冥想的機會。我在想，不知道其他在同一時間登錄觀看的那八萬五千人，是否對此會有更加明確的想法。

在公園裡，時間以不同的方式流動。在一個下著細雨的四月天，鳥巢看起來是空的，但在幾分鐘內，母海鵰從河邊飛回來。她站在巢裡，丟下帶回來的一塊塊魚肉。不時可以看到一顆顆黑色的小頭彈出，驚呆地看著這下方廣闊的世界，然後又縮回去。雄海鵰完全不見身影。幾個下午後，雛鳥變得肉眼可見，牠們為了食物伸出頭來。一對老夫婦拿著雙筒望遠鏡在觀察牠們，婦人告訴我，她從這對海鵰開始築巢就在觀看這個巢。她就住在離這巢幾分鐘的路程，經常來這裡查看牠們的情況。牠們長大了，牠們很快就變得這麼大，她說：「我們出去度假三週，回來的第一件事就是來這裡看看。」母海鵰突然飛起，然後停在鵝掌楸的樹枝上。小海鵰現在醒了，豎起脖子，抬頭看著她，不過她這時正在掃視下方的田野和河流。

五月中旬，鵝掌楸的嫩芽正綻放，映襯著這個龐大且拼雜的鳥巢。在早春花、葉交織成的繁花勝景後面，是一對對擺動著的黑色翅膀，幼鵰搖搖晃晃地走著，拍打翅膀，這是一窩活像奇怪小恐龍的鳥類，笨拙地移動肢體，還有怪異的抽搐動作。一名開著綠色強鹿（John Deere）高爾夫球車的巡邏員停在這裡，我問他需要做些什麼來保護鳥巢。「什麼都不做，」他這樣說：「真的，什麼都沒有。環境保育局會不時前來查看鳥巢，要是有人剛好站在巢下，我們會請他們移開，如此而已。」住在附近的麥克告訴我，這個巢在這裡已經有四年了，但之前什麼也沒有孵化出來。「但我知道今年情況不一樣，」他告訴我：「我看到雄海鶥帶回一些苔蘚，讓巢裡面柔軟一點。現在，我在看他會帶什麼回來。」他拿出他的手機，給我看一張雄海鶥的照片，牠的爪子抓著一條狼鱸。「還有一次，我看到他帶了一隻松鼠回來，」麥克帶著敬畏之情興味盎然地說著。在海鶥身上，我看到我們完全有可能照料不屬於我們的事物。

到了月底，鵝掌楸變得枝繁葉茂，足以遮蔽鳥巢。雛鳥也變得更想要往外探險。有一隻往鳥巢的邊緣靠近，當牠擠進相鄰的樹枝，找到和下方世界的新契合處，似乎鳥巢已小得容不下牠。一陣風吹過之後，周遭的枝葉重新排列，突然之間，就鳥巢的狀況、樹枝的結構、季節以及雛鳥的年齡來看，這世界成了一處懸崖般的險境。之後，母鳥從河中呼嘯飛來，以她帶回來的東西來餵食幼雛，她停留了幾分鐘後，再度滑翔回河中。雛鳥拍動翅膀，彷彿是在進行測試，也或許是在學習如何用羽毛捕捉空氣，然後以其瘦弱的體態沿著巢跳飛，以可怕的鳴聲吱吱地叫著，然後再度蹲踞下來。這是一幅展現出不耐、飢餓無聊與坐立難安的畫面，經歷這種尋常的生命階段後，促使許多生物朝向宏大的姿態並決定前進。

迪科拉這邊的生活也同樣危險。攝影機捕捉到在楊樹枝頭棲息的、兩隻羽翼剛滿的幼鳥，其中一隻打開翅膀，跳了一小步，徘徊了一陣子。第三隻還待在巢中，自己理羽。片刻之後，三隻全都沿著樹枝，蹣跚學步。牠們大幅擺動翅膀，但哪裡也去不了。最後在牠們的枝頭上一字排開，一如預期。這如同飛航廣告的畫面為接下來的活動拉開歡鬧的序曲。

公園裡的鳥巢到底會發生什麼事，在很大程度上只能靠猜想，畢竟只能偶爾瞥見牠們的身影。有隻成年的海鶚突如其來地在河面上呼嘯而過，嘴裡叼著一隻鯡魚，就這樣毫無預警地出現在廣闊地天際和河流之間。但迪科拉的海鶚巢視野是固定不變的、鉅細彌遺地遍及每一個細部，可以拉長，也可以凝視，既親密又遙遠。也許這是某種我已經認識的事物差異，這種差異透過螢幕和現場觀察分別呈現，但兩種觀看的方式都是即時的，若硬是要說當中哪一個比較真實，我恐怕也說不出個所以然來。這是已經分割並且以某種組合的方式黏合在我記憶中的圖像，可能是二十一世紀當下我們體驗自然的方式。

再回過頭說今年。普查結束一個月後，我又在雷克於隆冬時節在上游舉辦的賞海鷗活動中碰見他。這時是二月初，依舊是不合季節的溫暖，溫度約在十度上下。從數量調查以來，在冰封的幾週裡，海鷗從北方遷移到南方。儘管現在冰已經消失了，這群訪客似乎都留了下來。在上游的對岸，一對處於求偶期的白頭海鷗成鳥棲息在闊葉樹的枝頭上，凝視著水面，宛如一幅遠方的畫，穩定而安逸。二十分鐘、二十五分鐘、三十分鐘過去了，這兩隻仍然停棲在樹枝上，動都不動，只是偶爾抖動羽毛，或是轉轉頭。一艘紅藍條紋相間和黃色船頂的巨大駁船「克利伯號」駛過，向下游漂流而去，不過牠們絲毫沒有受到下方這隻工業化的龐然大物的影響。牠們會在那裡待多久，我一邊想一邊咕噥著。雷克狐疑地看著我。「牠們戀愛了，」他語帶無奈地說：「你不能將愛量化。這就是幸福。你不會知道有多久。牠們可能會在那裡待上好幾個小時。」

在下游，另一對白頭海鷗則是倏地飛起，在古老修道院上方的灰色石塔上盤旋，與偌大穩重的建築物對比，相形之下更顯輕盈。牠們在天際劃出一道弧線，漸漸淡出視野。然後，在河的中游，一隻海鷗落在一座小島的針葉樹上。牠在那裡稍事停頓，過了一會兒又沿著水面滑行，拍打著那雙巨大的翅膀，落在水面上。海鷗的爪一現出來就緊緊抓住某樣東西，然後一路飛到一塊露出水面的岩石上，咬下某塊魚肉。

一條河。四十分鐘。五隻海鵰。這是復育計畫裡一天的數量。我想到其他用以「清點」我們所關心事物的方式，對於人類能夠駕輕就熟地計算環繞身邊的幻滅與消長，而感到驚訝不已。我們找到計算鳥類和測量冰層的方法，這讓我覺得未來有機會破譯出我們必將面對的這個不確定性日益提高的世界。但我的信賴區間可不是百分之九十五。

也許在這些事物可能非常輕易就消失之際，我們開始在這過程中以匠心獨具的眼光來思考和作為。你要如何衡量你所愛的？也許這方程式同時牽涉到「必要」和「不可能」的條件。我寧願把這套計數系統想成是處理復育問題，而不是物種損失，這時我們的數學想像力似乎就活了過來。哲學家對人是否天生就俱有理解「零」和「無窮」的能力，抱持不同的態度，我自己則認為那是一種來來去去的知識。有時候，「從不」、「總是」和「永遠」對我們來說非常地清楚，有時候同樣的這幾個詞卻完全超出我們的理解，難以捉摸。那麼，或許我們所有的計數系統只是反映出在有和無、從未和永遠之間那份奧妙難解的距離，也許它們只是我們對於人在這樣的連續體中，猜想我們自己的位置時，不可避免的結果。「就本質而論，人是什麼？」

法國哲人帕斯卡這樣提問：「相對於無限的虛無，相對於虛無的萬物，一個萬物和虛無之間的平均值」。我不確定他的方程式是否準確或精確，但在今天下午，至少這聽起來很有道理。[5]

萬物變換，不顧我們的存在，我想要知道是否有一種方法能夠在事物發生前就先行計算。岩石上的海鷗這時已經結束牠的一餐，開始向河的南方與東方掃視，然後一飛而上，往北而去，翱翔在這片灰亮亮水面上，最後消失在河流長長的水道上。

結語
Epilogue

十八世紀的貴族作家澤維爾・德・邁斯特（Xavier de Maistre）以其在臥室裡的遊記聞名。穿著睡衣的邁斯特仔細端詳他的沙發、窗台與床柱，就如同旅人一般，帶著一種新視角和想法，細細品味自家的地毯、扶手椅和版畫。儘管他的書模仿那些與他同時代的大旅行家的行文用字，容易陷入寓言式的狂想曲，但也開創出一種可能性，提醒我們可以將想像力發揮在熟悉的房間和風景上。

在我看來，所有這些博物學家所投身的工作都大同小異。也許透過某種類似的方式，他們都將自己的城鎮和社區當作是自己的房間來思考。丹尼爾・史邁里一生都在記錄紐約州阿爾斯特郡的一處石英地質的山脊，也就是他在天空島上所遇到的一切。梭羅在瓦爾登湖找到一處避難所，並發現了一個宇宙，在某篇文章中，他指出「事實上，在介於方圓十幾公里的景觀中，或是午後散步的範圍內，會發現一種能與六、七十多年的人生經驗相互呼應的和諧關係。你永遠無法真的對此感到十分熟悉。」梭羅「最重大的頓悟總是來自於他身處的地方。」西蒙・夏瑪（Simon Schama）援引梭羅在日記中寫下黃昏時他對池塘的觀照：「月亮劃過粼粼波紋，我感受到只有最瘋狂的想像力才能理解我們這樣的生活方式。大自然是一個巫師。康考特小鎮的夜晚比起天方夜譚中的一千零一夜更令人費解。」[1]

就在家園附近，仔細看看地面，往水中看去，或是觀察動物，有可能會感受到類似的好奇心，對資訊如此渴求，並且為意想不到的答案感到驚訝不已。現在是二〇一一年十二月下旬，我並沒有效法邁斯特那樣仔細端詳沙發和家中的繪畫，而是掃視路底那座池塘的水面，看看是否結冰了。多年前我們搬到這裡的時候，那還是一處沼澤，但在河狸多年的改造下，它逐漸轉變成一座池塘。「美國看守冰層」（IceWatch USA）這項收集相關數據的計畫，請志工觀察並記錄地方水道結冰的狀況，還有氣溫、雪深、降雨量和野生動物等資料。季節性的冰封和解凍會影響到生態系中的其他發生，這項計劃中的資料庫收集了不同樣點的這類資訊，之後將用於評估氣候變遷的持續影響。

他們請志工選擇一小塊水體，可能是河流的某一段，或是河水進入湖泊的入口，並記錄結冰和融冰的日期。十二月三日的清晨，我第一次看到水面上躺著一片薄冰。那時夜間氣溫在零下九度、十度左右，而到早上九點時也只有零下六、七度。到中午時，冰都消失了。到四日上午又再次結冰，但之後，這個月偏暖的氣溫讓水不再結凍。現在是月底了，池塘還是沒有結冰。若是我用來尋找蝙蝠、看天池中的卵塊或是溪流中的鰻魚的時間可量化成某種成果，那很可能是關於尋找細節的準確性，為了觀照特定細節，並質疑任何我可能在忍不住的情況下所驟下的結論。嚴謹的事實帶來懷疑的餘地；知識和懷疑聚合在一起，彼此知會，這樣的一種聯盟所產生的力量，是我前所未見的。

不過有一點我不會懷疑，在水面上尋找結冰的那份遠望，其自身就是一場旅行。就如同遊客一樣，會因為山峰的全景而看得目瞪口呆，或是在面對市集裡的詭異文物時，陷入難以置信的猶疑。我發現自己很容易為望眼所及的一切所震攝住。

這類地方保育工作的價值開始取得社會大眾的共識，這正是二〇一一年春天，在紐約市舉辦的公民科學研討會的一項結論。這個會議由美國自然史博物館的生物多樣性暨保育中心、奧杜邦學會、康乃爾鳥類學研究室共同資助，聚集了六十位相關從業人員，包括科學家、教師、政府工作人員、各類非營利性機構的代表，討論如何增進科學研究和保育之間的協調合作。在工作坊的結論要點中，有一項是，「透過故事和經驗分享，我們明白有效的合作方式能夠將環保工作與種種大型議題相連，如水資源和環境政策、土地使用、社會學和社會經濟學。隨便瀏覽一下目前的計劃就足以說明公眾參與科學研究的潛力，科學家和公眾雙方都能夠獲利，科學家能夠收集到原本需要投注高額資金的大量數據，而志工則能和直接影響他們生活的資源管理計劃相連，並且參與其中。」結論接著指出，各行各業的人都有注意季節現象的傾向，有些人甚至沒有意識到這一點，而這種觀察是一個機會，「讓公眾從觀察者轉變成行動者。」[2]

在這最後一點中，語調的轉變似乎有點令人費解，因為這樣的季節現象越來越難逃公眾的注意。儘管二氧化碳濃度的增加，可能完全不在世人的注意力範圍內，畢竟這種氣體無形、無色、無味，但是大規模的洪水、熱浪、森林火災、龍捲風、大面積乾旱，以及這些對於季節現象的效應基本上都引來世人的注意。過去幾年來，美國每年會發生三、四場大型氣象災害，造成國家近十億美元的損害。二〇一一年，這些天災造成的損失一共超過五百億美元。大家當然會注意到這些造成我們驚訝、困擾甚至是不適的事件和現象。從觀察者轉變成行動者很可能是突然、自發，也或者在是心不甘情不願的情況下，好比說，我有個朋友在某個早上發現一大堆夜盜蛾，爬滿了甜菜、韭蔥、甘藍菜、芝麻菜、萵苣等，基本上夜盜蛾是在她溫室內的所有植物上大快朵頤。在北部，小蟲變得比南部各州更常見，牠們可能是在幾場夏季暴雨中被風帶到北邊的，也或許是因為乾燥天氣加上隨之而來的大雨所致。但除了毛毛蟲的侵擾，其他的一切則顯得不那麼確定。

事實何時獲得意義？

二〇一一年十二月勞倫斯．利弗莫爾國家研究室（Lawrence Livermore National Laboratory）的氣候科學家班傑明．桑特（Benjamin Santer）告訴《紐約時報》：「我們正在改變大氣層的大尺度性質，我們確知這一點，毫不懷疑。在這場行星實驗中，像是地表暖化、大氣層暖化和濕度提高，一定會對極端氣候發生的頻率和持續時間產生影響。」[3]大部分的氣候科學家目前已達成共識，認為有越來越多的極端天氣事件是全球暖化帶來的副作用，因為氣溫升高加速全球的水循環，因而產生更多的暴風雨。然而，事情究竟是如何發生的，是何時發生的，其成因為何，許多細節仍然不太清楚。不過，更為急迫的是，要進行更多的科學研究，還有科學界和其他非科學社群的廣泛參與，來解決諸如降低能源消耗、限制碳排放、管理自然資源以及發展可再生能源資源等問題。

今天早上日出時的氣溫大概在三、四度。河岸上的那片野草被昨晚那場傾盆大雨給夷為平地，乾癟的香蒲和蘆葦雜亂無章地構成某種幾何圖形，似乎為這個界線邊緣不明的季節寫下某種主張。現在是冬天，但幾乎感受不到。在深色的水面下方，西洋芹交織出一大片茂盛翠綠。幾乎快要到新年了，但還不知道何時才會結冰。這就是從一個狀態轉變成另一個狀態的方式。但是，看著水結成冰以及冰融成水，可能是這樣的轉變中最不明顯的一個例子；未來的轉變有可能以更為極端、意想不到以及完全未知的方式來發生。我又想起艾瑞克．幾米雅特（Erik Kiviat）的話：「在生態學裡的故事沒有結局，只有可能的結果。」

一個半世紀以前，梭羅相信要動用最狂野的想像力才能理解我們生活的方式，在今天則可能需要挖掘更深層的人類智慧才能洞悉自然世界變化的速度和性質。要充分掌握住全球暖化的影響，可能需要獲得我們目前尚不清楚的一些原創思想和行動。

規律的行動和獲得啟示向來都是堅定的盟友，而我猜想，這樣一種想像力最常在測量工作中出現，而小頓悟往往是機械式反覆演練的尋常產物。在這個世界末日論經常圍繞在全球生態討論的時刻，也許可以將所謂的「重複運動任務」(repetitive motion tasks) 納入考量，或許會有幫助。我猜不論需要多大程度的原創思想，這都很有可能得透過日常的動作，透過熟悉姿勢的重複而養成無懈可及的眼力和手勢，無論是每年七月到河裡清除菱角，還是在高中二年級那一年的春天，每星期一到河裡去計算迴游的鰻魚數量，或是在進入成年生活後，每天早上在同一時間前往同一地點測量溫度。

附錄一：全美公民科學社團名錄

對人類而言，與我們所生活的地方建立連結是再自然不過的事，因此大多數的環境託管工作很可能都是從地方上開始，無論記錄鳥類，評估看天池或監測空氣品質。這樣的基層投入往往是透過口耳相傳展開的，可能是孩子或家長在學校與他人碰面之際，或是鄰居在地方的資源回收中心相遇閒聊的時候；另外，還有可能是從社群網站上開始的。但在幾乎所有的案例中，數位化的網絡都可以迅速收集、組織和分享資料。手機的應用程式也便利種種從鳥類、葉片到星空的鑑定和監測；正如《華爾街日報》所指出的：「智慧型手機是二十一世紀的捕蟲網」（Jennifer Valentino-DeVries, "App Watch: Mapping Nature on Your Smartphone," Digits [blog], February 28, 2011）。這些社群網站和應用程式促進並滋養出一種集體努力，一種我們這個時代特有的合作和社群感。以下，我將列出一系列的公民科學計畫，以及相關的種種網站和應用程式，各計畫都是在尋找能夠將個人觀測的數值上傳到組織機構，加入大型資料庫的志工。

當中有些是由來已久的計畫，如「耶誕節鳥類調查」

(Christmas Bird Count)，絕大多數都是相當晚近才成立的。自然界的週期有時是一瞬間，有時則是一整個世代，因此託管的時間表也同樣種類繁雜，從一天、一週、一季到經年累月的都有。其中有些幾乎稱不上是參與，僅要求志工提供一些個人電腦中多出來的運算空間；「群眾外包科學」(crowdsourced science) 可能需要長期的志工群配合和短期的科學分析，但也有人請志工來分析數位資料。還有的要求志工親身參與野外觀察，也就是，讓他們親臨現場，親自記錄所見所聞。這些關注事物的方式，有的對象可能近在咫尺或是我們所熟悉的事物，好比在自家的冰箱內，或是窗外正在啃食百日草的九斑瓢蟲。又或者是遙不可及的事物，如月球上的隕石坑。這些計畫，有許多都是在處理傳統意義上的資訊收集，不管是關於天氣模式、野生生物族群或是外太空的發現。其他一些則是在追蹤和記錄非原生種及其對當地環境的影響。而在最近幾年，基於需求，也開始建立起其他工作計畫，幫助參與者協助監測飽受壓力的環境，舉凡土地、空氣或水污染，還有噪音或光污染等。

我並沒有將區域型計畫列入，而將焦點集中在全美或跨國的計畫上，不過這當中有許多都有地方上的分支機構。工作計畫可能隨著不同地區或不同州而有所差異。以「桶隊」(Bucket Brigade) 這個全國性的組織為例，他們讓公民活動分子監測空氣品質，但在地方上的實際組織則是處理特定的景觀、土地使用、產業和毒物等問題。同樣地，全國海鵰族群普查，各州所選的日期也各有所異。

我也沒有將因應意外災害所產生的必要計畫納入，比方說二〇一〇年墨西哥灣石油外漏，或是地震和海嘯導致福島第一核電廠停擺時的那些計畫。在二〇一〇年深海平台的意外災難後，「墨西哥灣漏油追蹤」(Gulf Oil Spill Tracker) 計畫讓當地居民監測和分享漏油的相關資訊，無論是在水中、陸地上還是對野生動物或空氣的影響。而在二〇一一年所成立的RDTN.org網站，則是為福島居民募集資金，以便購買和運送讓他們能夠自行測量輻射值的蓋革計數器 (Geiger counter)。在這兩個例子中，當地居民所收集的資料都用來作為損害評估。在政府不作為和企業否認的情況下，若說這類的公民行動已成為災後社區甚或是整個區域恢復不可或缺的一部分，其實毫不誇張。但由於其發生時間和持續時間，在定義上十分特別而有限，所以我沒有將這些計畫選入在本書中。

有些計畫以招募學生為目標，有些則以成年人為目標，但許多計畫都取決於雙方的努力，故似乎沒有必要區分這兩者的差別。這份選名錄很廣泛，但顯然並不全面。不過，我還是希望這是一個開始，開始去尋找地面真相、天空真相、空氣真相和水真相的地方。

- Adventurers and Scientists for Conservation（冒險家和科學家保育聯盟）：這個非營利組織結合科研社群和冒險運動的好手，諸如從事攀登、山岳健行、單車、滑雪、雪地健行、撐筏、輕艇以及滑翔機等，他們的活動範圍達到相當偏遠的地區，有機會收集到不易取得的物種資料，諸如冰蟲、浮游動物、棕熊、狼獾和鯨魚等。
  www.adventureand science.org

- Belly Button BioDiversity Project（肚臍生物多樣性計畫）：這項計畫的研究範圍近在咫尺，

他們推測肚臍可能是最後一個尋找新物種的未知領域，邀請參與者一同鑑定並學習這些將人體宿主當成絕佳避難所的細菌。

www.wildlifeofyourbody.org

- BioBlitz（生物快閃）：這是一個由科學家和志工所進行的嚴謹生物調查，在有限的時間內，確定某一特定區域的所有物種，以提高大眾對生物多樣性的意識。

  www.nationalgeographic.com/explorers/projects/bioblitz/

- Bucket Brigade（桶隊）：致力於減少污染、增進安全和落實環境法規，他們將一個簡單的空氣監測系統，封裝在罐子內，讓居住在工業區或靠近煉油廠、化工廠或其他空氣可能遭到污染的地方的居民自行收集關於他們所呼吸的氣體的資料。

  www.bucketbrigade.net

- Celebrate Urban Birds（讚揚城市鳥類）：提供一套賞鳥裝備給各年齡層的城市賞鳥人士，讓他們能夠彙整和上傳資料給康乃爾鳥類學研究室的科學家。

  www.birds.cornell.edu/ urbanbirds

- Christmas Bird Count（耶誕節鳥類調查）：在一九〇〇年由奧杜邦學會創辦，是美國執行時間最長的野生動植物普查，請上萬名志工在每年十二月記錄區域內的鳥類族群。

www.Birds.audubon.org/ christmas-bird-count

- Citizen Weather Observer Program（公民天氣觀察員計劃）：這個結合公、私部門的計畫，彙整了八千多名參與者所收集的資料，可用於氣象服務和國土安全：，並且提供回饋意見給資料收集者，以此確保資訊的品質。

  www.wxqa.com

- CoCoRAHS：所有年齡層的天氣觀測者都可將資料傳送到「雨、冰雹和雪社群合作網」（Community Collaborative Rain）以彙整成全面性的每日雨量記錄。

  www.cocorahs.org

- Digital Fishers（數位漁夫）：請志工使用自己的電腦來分析由「加拿大海王星水下觀測站」的攝影機所拍攝的一段段十五秒深海影像記錄，以協助判定海洋生物多樣性和物種的行為。

  www.digitalfishers.net

- EarthWatch（看守地球）：成立於一九七一年，這個國際性的非營利組織邀請志工進行類似研究助理的工作，和各種計畫的科學家一起工作，包括監測北極地區的氣候變化、研究哥斯大黎加的革龜或是追蹤英格蘭南部的飛蛾。

www.earthwatch.org

- eBird：由康乃爾鳥類學研究室和國家奧杜邦學會在二〇〇二年共同成立，這項網路清單計畫讓專業和業餘的賞鳥人士通報、查閱和分享鳥類相關資訊。

  www.ebird.org

- Einstein@Home（愛因斯坦在你家）：這項計畫是二〇〇五年為慶祝世界物理年而展開的一項活動，讓志工下載軟體來處理資料，利用「雷射干涉重力波天文台」LIGO（Laser Interferometer Gravitational-Wave Observatory 簡稱 LIGO）收集的資料來判別和分析未知的持續重力波源，最後再將數據發送回中央伺服器。

  www.physicscentral.com/experiment/einsteinathome/

- ExCiteS（終極公民科學）：這是一個跨領域的研究群，當中包含人類學家、電腦科學家和工程師，和其他資料監測、收集和分享等組織不同，他們致力於打造一套系統，提供給各個不同的社群使用，不論是農村還是都會，使其得以建立他們專屬的社群專案，還有方便使用的工具。

www.ucl.ac.uk/excites。

- Firefly Watch（看守螢火蟲）：由於螢火蟲數量日益減少，這項計劃讓志工收集當地螢火蟲地理分佈和活動的資訊，然後將這些資訊上傳到大型資料庫中。

  www.mos.org/fireflywatch

- Folding at Home Project（蛋白質居家摺疊計畫）：這項分散式運算計畫，使用參與者的個人電腦來模擬研究中的蛋白質的摺疊結構，主要是針對阿茲海默症、帕金森氏症、自閉症和癌症。

  www.folding.stanford.edu/

- FrogWatch USA（美國蛙類看守）：志工鑑定、計算和追蹤青蛙和蟾蜍等物種的交配和棲息地狀況，以瞭解濕地，並協助科學家研究兩棲動物的管理。

  www.aza.org/ frogwatch/

- Galaxy Zoo（星系動物園）：請志工觀看數十萬份美國太空總署的哈柏太空望遠鏡收集到的星系圖像，並協助分類存擋。

  www.zooniverse.org

- Global Amphibian BioBlitz（全球兩棲動物快閃調查）：全球近三分之一的兩棲動物因為氣候變遷和棲地喪失，而面臨滅絕，這個組織提供業餘愛好者一個平台來觀察、拍照並記錄地方兩棲動物的族群數量。

  www.iNaturalist.org

- Global Coral Reef Monitoring Network（全球珊瑚礁監測網）：這個組織建立了觀測、管理和保育全球珊瑚礁的網絡，同時還有一珊瑚礁健康檢查計劃，訓練潛水員觀察和記錄珊瑚礁的健康狀況。

  www.gcrmn.org

- Global Reptile BioBlitz（全球爬蟲快閃調查）：請爬蟲類業餘愛好者觀察並協助科學家繪製出九千多種爬蟲類的棲地分佈地圖，並加以保育。

  www.iNaturalist.org

- The Gravestone Project（墓碑計畫）：請志工檢查全世界墓地裡的大理石墓碑風化的速率，以此作為酸雨變化的指標。

  www.goearthtrek.com/ gravestone

- Great Sunflower Project（大向日葵計畫）：請在城市、郊區和農村種植向日葵的志工觀察並記錄受吸引來的蜂，以協助科學家瞭解原生種的蜂類和蜂族群下降的原因，以及這對園藝植物、農作物和野生植物授粉作用的影響。
  www.greatsunflower.org

- IceWatch USA（美國看守冰層）：志工可選擇一個定點，不論是河流、湖泊還是海灣，然後記錄並通報結冰和融冰的觀測，以幫助科學家研究氣候模式的變化及對野生動物的影響。
  www.natureabounds.org

- JellyWatch（看守水母）：志工協助建置一個長期資料庫，納入水母、烏賊、赤潮以及其他不尋常的海洋生物的出沒事件和條件，以幫助生物學家更加瞭解海洋。
  www.Jellywatch.org

- Journey North（北之旅）：協助瞭解帝王斑蝶對氣候變遷和季節變化的反應，這項計劃請志工在每年的春季和秋季、當帝王斑蝶在美加和墨西哥之間遷移時，追蹤牠們的狀態。
  www.learner.org

- Lost Ladybug Project（失落的瓢蟲計畫）：志工記錄時間、日期、天氣和棲地並尋找、收集和拍攝瓢蟲的照片，協助昆蟲學家瞭解物種棲地和分佈的變化。
  www.lostladybug.org

- Mercury Poisoning Project（汞毒計畫）：某些拉丁美洲和加勒比裔的家庭，在他們的宗教儀式當中會使用汞來擊退惡靈，這可能會對該地區居民的健康造成長期的不良影響。由於目前還沒有關於這種儀式的相關研究，該研究先從收集資料開始。
  www.mercurypoisoningproject.org

- Midwinter Bald Eagle Survey（隆冬白頭海鵰調查）：這項計畫邀請美國本土四十八州的志工和聯邦政府機構合作，與科學家一起在每個月的前兩週觀察白頭海鵰，並加以計數和記錄。為了記錄物種的恢復狀況，一共建立起七百四十條調查路線，包含汽車、飛機、船隻和直升機。調查日期每州各異。
  corpslakes.usace.army.mil/ employees/bird/midwinter.cfm

- The Milky Way Project（銀河計畫）：為協助繪製恆星形成的地圖，請志工判讀「星系盤面中遺留紅外光環視特別計畫」(Galactic Legacy Infrared Mid-Plane Survey Extraordinaire, GLIMPSE)和「史匹哲望遠鏡多頻星系盤面影像環視」(Multiband Imaging Photometer for Spitzer Galactic

Plane Survey, MIPSGAL）所收集的資料，將星泡、節點和星團分門別類，製成圖表。
www.milkywayproject.org

- The Monarch Program（帝王斑蝶計畫）：這個計畫希望增進對帝王斑蝶的遷移族群和模式的認識，並且瞭解牠們是如何受到氣候發展趨勢和人類干擾的影響。
www.monarchprogram.org
- Moon Zoo（月亮動物園）：志工重新判讀由美國太空總署的「月球勘測軌道飛行器」拍攝的圖像，計算和記錄月球的隕石坑以及其他月球表面的顯著物理特徵。
www.Moonzoo.org
- Nature Mapping（大自然製圖）：在社區、企業、學校和其他機構之間建立起夥伴關係，以收集關於野生動物、水、植物、棲息地和氣候的資料，用作教育和生物多樣性普查。
www.naturemappingfoundation.org
- NestWatch（鳥巢看守）：參與康乃爾鳥類研究室這項監測計畫的志工要觀察和記錄種種資料，包括位置、棲地、物種、卵數、幼雛數量和長出羽毛的幼鳥數量。將這些資訊全都上傳到一個線上資料庫，與其他觀察資料彙整起來，以期對北美鳥類的行為有更深一層的瞭解，並且進一步協助鳥類的繁殖。

www.nestwatch.org

- NetQuakes（網震）：這個監控計畫讓參與者在私人住宅、企業、學校和公共建築上安裝數位化的地震儀，以便在地震後上傳資料給美國地質調查局（USGS）。

  earthquake.usgs.gov/monitoring/ netquakes /

- NoiseTube（噪音網）：這個手機應用程式能讓參與者將手機當作環境感應器，測量城市地區的噪音強度，然後將這項資訊分享出去，彙整成一噪音污染地圖。

  www.NoiseTube.net

- North American Breeding Bird Survey（北美繁殖鳥類調查）：在整個美國本土（包含阿拉斯加）和加拿大南部隨機挑選路徑進行觀測，這項監控計畫追蹤了超過四百種鳥類，記錄其族群和分佈。

  www.pwrc.usgs.gov/bbs

- Old Weather（古老天氣）：有別於其他計畫，這個組織看的是歷史數據，要求志工重建出英國皇家海軍艦艇在二十世紀初的觀察，這些資訊之後可用來幫助科學家建立天氣和氣候的新模型。

www.oldweather.org

- Project Noah（諾亞計畫）：這個手機應用程式其實是「網絡生物及其棲息地」(networked organisms and habitats）的英文縮寫，請使用者探索、記錄和分享野生動物的資料。

  www.projectnoah.org

- Project FeederWatch（鳥類餵食台觀察計畫）：康乃爾鳥類研究室和加拿大鳥類研究學會，從十一月到四月進行的的跨冬調查，請參與者計算和通報在餵食台的鳥類，幫助科學家追蹤冬季鳥類的族群變化以及其分佈和數量。

  www.birds .cornell.edu/pfw/

- Project Squirrel（松鼠計畫）：請居住在農村、郊區和城市地區的志工觀察並記錄狐色松鼠和灰松鼠這類全年都有活動力的生物，牠們的狀態可作為當地生態的可靠指標。

  www.project squirrel.org

- The Public Laboratory for Open Technology and Science, PLOTS（開放科技公共實驗室）：利用ＤＩＹ技術，PLOTS發展出一套開源工具，將其應用在環境調查、監測和建檔上。

publiclaboratory.org

- QuakeCatcher Network（快震網）：這項合作計劃開發出世界上最大的強震網絡，使用連接到筆記型和桌上型電腦網絡的感應器，創造出一套兼具教育和早期警報系統的工具。
  www.qcn@stanford .edu/

- SafeCast（輻安網）：這個全球感應器網絡讓參與者彙整、收集和分享關於地方輻射測量的資料。
  www.safecast.org

- Science Channel SciSpy（科學教育頻道）：此頻道推出這個手機應用程式讓參加者將他們的手機當作是出野外時的工具箱，請他們收集關於植物、昆蟲、鳥類和其他野生動物的資訊，並拍攝照片、上傳、查尋和分享資訊。
  www.scispy.com

- Search for ExtraTerrestrial Intelligence, SETI（SETI：以柏克萊大學為基地的「搜尋外星文明計劃」）：使用以網路相連的居家電腦網絡來搜索地球外的智慧生命的跡象。這套搜索系統納入在屏幕保護程式中，只有在電腦的使用者不用時才會進行搜尋。

www.SETI.org

- SkyTruth Alerts（SkyTruth警報系統）：即時警報系統會在發生污染事件時向參與者發送警報，諸如有毒物質外洩和空氣污染、或是各種陸海空災難，然後讓他們使用線上數位繪圖系統來監控這些污染。培訓後的志工可以協助圖像處理、分析和ＧＩＳ網路繪圖與數位圖形等資料。

  www.skytruth.org

- SOHO Comet Hunting（SOHO彗星搜尋）：「太陽和太陽圈探測器」(Solar and Heliospheric Observatory）是歐洲太空總署和美國太空總署的一項聯合任務，提供業餘天文學家下載和搜索衛星圖像，尋找彗星，然後通報並檢查其正確性。

  www.cometary.net

- Solar Stormwatch（太陽風暴觀察）：志工使用自家電腦來分析圖像，追蹤太陽風暴以及其隨後在太空中的行進狀況。

  www.solarstormwatch.com

- Watch the Wild（荒野觀察）：請志工選擇一特定位置或一段路線，記錄觀察結果，包括花卉、樹木、植物、昆蟲生活、動物、溪流和一般的天氣條件，然後通報到中央資料庫。
www.natureabounds.org

- Whale.FM（鯨魚FM）：這個由《科學人》（*Scientific American*）和「動物宇宙」（Zooniverse）的聯合計畫，請志工使用資料庫中的頻譜圖像來幫助海洋研究者分類虎鯨和領航鯨的叫聲。
  www.whale.fm

- What's Invasive（尋找入侵種）：這套資料收集計畫讓志工使用智慧型手機上的應用程式在世界各地的國家公園內觀察、記錄並通報入侵的植物和昆蟲。
  www.whatsinvasive.com

- The WildLab（野外實驗室）：利用一手機應用程式讓主要是五年級到十二年級的學生，收集被GPS標記的鳥類，接下來這些資料會傳送到康乃爾鳥類研究室，進行研究。
  www.thewildlab.org

- Wildlife of Our Homes（家園野生動物）：這個網站請參加者收集微生物的樣本並分享資訊，諸如在我們居家生活環境中的細菌、古菌、原生生物、花粉和真菌，觀察的同時開始考慮其可能的種種棲地，諸如建材，地毯、通風設備、暖氣和空調設備等。

www.yourwildlife.org

- **YardMap網絡：**康乃爾鳥類研究室的生態社群網絡，讓賞鳥人士、園藝工作者和其他線上的參與者繪製後院和公園的棲地管理地圖與碳中和的措施，並將訊息分享在Google地圖上。

  www.bird.cornell.edu/citscitoolkit/projects/clo/ yardmap

附錄二：台灣公民科學社團名錄

林大利
（特有生物研究保育中心助理研究員）

由台灣自發的公民科學計畫，以生態相關的主題最為蓬勃。二〇〇三年，國立東華大學楊懿如副教授著手推動「台灣兩棲資源調查」，從東台灣各級中小學出發，目前已擴展到全國各地，成為台灣最早的自發性公民科學計畫。二〇〇九年，由政府機關、大專院校及民間組織共同發起的「台灣繁殖鳥類大調查」正式啟動，成為亞洲第一個執行繁殖鳥類調查的國家。在多元夥伴關係的合作之下，順勢進一步推動了「台灣鳥類生產力與存活率監測」、「台灣新年數鳥嘉年華」與「eBird Taiwan」等三項公民科學計畫，讓所有會出現在台灣的鳥類，幾乎都成為公民科學計畫的研究對象。

二〇一一年，特有生物研究保育中心林德恩助理研究員於臉書設立「四處爬爬走：路殺社」，收集野生動物被車輛撞死的案件。然而，在參與人數逐漸增加、社群媒體、無線網路與智慧行動裝置的普及等無心插柳的種種原因之下，路殺社的成員與資料量快速增加。路殺社的成功，以臉書社團為資料及平台的公民科學計畫如雨後春筍般快速增生，包括蝸牛、蜘蛛、蛾類及鳥類食性。

讓「拍照打卡」不只是享用美食之前的小儀式，也成為公民科學家累積大量生物時空分布資料的舉手之勞，促成了這些機會型公民科學計畫。

除了生態相關的公民科學，天文學和氣象學也有許多大型公民科學計畫，不過大多是由國外機關發起，台灣的公民科學家直接參與計畫。例如「星系動物園」、「瓦普空間」和「氣旋中心」。近年，台灣大學大氣科學系林博雄教授推動「都市微氣象網」，透過微型感測器與智慧型手機的結合，收集更細微的氣象資料。至今，公民科學已經不再是新穎陌生的運作模式，雖然改善了資料收集效率的問題，但是，面對龐大多源的資料，還需要相關研究人員分析，獲得解決問題的答案。

- **台灣繁殖鳥類大調查**（Breeding Bird Survey, Taiwan）：於二〇〇九年由特有生物研究保育中心、中華民國野鳥學會及台灣大學生態與演化研究所共同發起，目的在於長期監測台灣繁殖鳥類的數量變化趨勢。目前全國大約有二百五十位志工，分別在三百個樣區執行調查，包括玉山主峰，每年出版年度成果報告。
  sites.google.com/a/birds-tesri.twbbs.org/bbs-taiwan/

- **台灣鳥類生產力與存活率監測**（Monitoring Avian Productivity and Survivorship program, Taiwan）：目標是瞭解台灣繁殖鳥類的「人口金字塔」，也就是某一種鳥各個年齡和性別的數量，在生態學稱為「族群結構（population structure）」。有些鳥類的年齡和性別，必須抓在手上檢視才有辦法判斷。因此，徒手檢視鳥類外觀的「繫放技術」便成為這項計畫的重要能力，也讓此計畫的參與門檻相當高。目前共有七個繫放站。

sites.google.com/a/birds-tesri.twbbs.org/maps-taiwan/

- **台灣新年數鳥嘉年華**（Taiwan New Year Bird Count）：目標是長期監測台灣冬候鳥的族群變化趨勢，尤其是度冬水鳥，包括雁鴨、鷸鴴和鷗等等。這是一個老少咸宜的公民科學，只要在活動指定的冬季期間和半徑三公里的樣區圓範圍內，與帶隊的「鳥老大」一起賞鳥，記錄觀察到的鳥類種類與數量，就能成為有效的記錄。目前約有一千二百名志工在台澎金馬各地的一七五個樣區進行數鳥活動。

  nybc.bird.org.tw/

- **台灣兩棲資源調查**（Taiwan Amphibian Database）：台灣最早的生態類公民科學計畫，由國立東華大學楊懿如副教授發起，起初於各地校園展開兩棲類調查，逐年拓展為遍及全國各地的公民科學計畫，已經建立許多蛙類的分布模式。

  tad.froghome.org/

- **土豆鳥大集合——雲林小辮　普查**（Lapwing Count）：雲林縣元長鄉一帶是小辮鴴在台灣的主要度冬地，數量曾經達九千多隻，甚至很有可能是東亞地區最大的度冬族群。二

○○九年起，雲林縣野鳥學會開始推動「雲林縣小辮鴴普查」，廣邀全國各地鳥友前來。二○一四年起將調查區擴及全國，希望能對小辮鴴在台灣的度冬族群有更精確的掌握。

sites.google.com/a/birds-tesri.twbbs.org/yunlinlapwingsurvey/home

- **黑面琵鷺同步調查**：黑面琵鷺是東亞地區的特有鳥類，由於族群瀕臨滅絕，東亞各國為有效掌握黑面琵鷺的數量，每年冬天選定一天，由各國共同調查黑面琵鷺的數量。黑面琵鷺最大的度冬族群就在台灣，每年調查的這一天，全國各地鳥會與黑面琵鷺保護學會同時在各地展開調查，準確掌握黑面琵鷺的數量。

  www.bfsa.org.tw/tc/research-in.php?cn=44

- **台灣珊瑚礁體檢**：由中華民國珊瑚礁學會與海洋研究學者發起，作為響應全球珊瑚礁體檢監測的行動。二○○八年，台灣環境資訊協會、海洋環境教育推廣協會和中央研究院生物多樣性中心廣邀潛水愛好者加入調查行動，希望透過這些資料與行動推廣珊瑚礁環境的知識與重要性。

  teia.tw/zh-hant/seawatch/about

- **eBird Taiwan**：eBird是目前全世界最大的賞鳥記錄資料庫及共享平台，由康乃爾鳥類研究室及奧杜邦學會共同營運，隨時收集來自世界各地三十萬用戶的賞鳥記錄。自二〇〇二年起，已經累積四億萬筆的鳥類分布資料。eBird緊緊抓住狂熱賞鳥人的心，提供賞鳥人方便輸入、管理、查閱、下載及展示賞鳥成果的服務。eBird Taiwan則是eBird的台灣入口網站，由中華民國野鳥學會與特有生物研究保育中心共同管理，負責台灣賞鳥人提交的記錄，並舉辦各種活動與工作坊，目前已超過一千五百人。

ebird.org/taiwan/home

- **路殺社——台灣動物路死觀察網**（Taiwan Roadkill Observation Network）：路殺社是二〇一一年八月於臉書平台所創建的虛擬社團，路殺社的宗旨在於建構生態友善道路以改善野生動物路死現象，並藉由公民科學方式，讓參與者關心環境議題、參與環境教育並加入科學研究。目前已累積十萬筆以上的資料。

  roadkill.tw/

- **慕光之城——台灣飛蛾資訊分享站**：以蛾類為調查對象的公民科學計畫，目的在於收集蛾類的時空分布資料與典藏標本。主辦團隊運用社群網路平台號召蛾友分享資料，籌組蛾調志工，有系統地協助台灣蛾類的調查。截至目前為止，已獲得蛾類標本二萬份以上，資料建檔四萬五千筆。

  twmoth.tesri.gov.tw/peo/FBMothQuery.aspx?type=P

- **蛛式會社——台灣蜘蛛研究**：以蜘蛛為對象的公民科學計畫，透過臉書社團讓志工上傳野生蜘蛛出現的時間與地點，並由研究人員鑑定物種。屬於參與門檻低，只要願意觀察、拍照、上傳，都能夠成為有效的觀察記錄。

  www.facebook.com/groups/SpiderTw/

- **蝸蝸園——台灣陸生蝸牛交流園地**：運用社群媒體收集蝸牛類生物時空分布資料的公民科學計畫，參與者只要上傳照片，並且留下確切的時間與地點資訊，就能成為有效的分布資料。

  www.facebook.com/groups/283177105146997/

- **夜鷹首鳴回報**：每年春夏為台灣夜鷹（Caprimulgus affinis）求偶期，入夜後常可聽到響亮的「追伊～追伊～」的鳴唱聲，雄鳥藉此鳴聲來鞏固領域、吸引雌性並驅逐入侵的雄鳥。中南部地區多於一月聽到夜鷹首鳴，許多鳥友都會競相告知這項訊息，但卻一直沒有集中收集首鳴資訊的系統。如果我們能將夜鷹首鳴地點，像日本櫻花盛開區域般加以整理呈現，將會是新年初春期間一項熱鬧的活動。

  www.bird.org.tw/index.php/works/conservation/firstnightjar

- **農地毒鳥回報**：透過臉書收集鳥類中毒死亡資訊的平台，每一例的毒鳥回報，都會成為科學家累積的數據，更成為農地毒物濫用改善勸說的起點。改善鳥類的中毒危機，也能釐清環境遭遇的問題，作為生活在這環境中的一分子，每個人都能透過公民科學，採取行動改善台灣的生態環境。

www.facebook.com/groups/1490158747925040/

- **鳥類食性**：這個社團的目的是透過照片確切瞭解鳥類的食性。首先，想要確切知道鳥類吃什麼。二來，是瞭解鳥類對食物的偏好，對擬態、天澤與演化、種子傳播的研究能有所幫助。第三，想要透過吃與被吃的關係，建立生物之間的交互作用。做這件事，需要生物辨識與攝影的各路江湖好漢與舊雨新知，只要是【鳥類】【正在吃】【的食物】都具備的照片皆非常歡迎。也希望透過這個計畫，更加認識我們的大自然，並且把牠們的關係資料化及網絡化。

www.facebook.com/groups/1426365227395803/

- **都市微氣象網**：由台灣大學大氣科學系林博雄教授發起，以往，氣象局只能依靠定點且數量有限的氣象站，收集局部地區的天氣資料。但是，若要獲得更細微天氣資料，仍有所限制。都市為氣象網將微型感測器 Skywatch Windoo 與智慧型手機結合，能瞭解更確切位置的天氣狀況，提供更詳細的天氣資訊。

www.facebook.com/groups/mos.pc/?fref=ts

作者注
Notes

CHAPTER 1——簡介

題詞：Wilson, Diversity of Life, 351.

1 Burgess, *Daniel Smiley of Mohonk*, 109.
2 William H. Schlesinger and Jessica Vitale, "Historical Analysis of the Spring Arrival of Migratory Birds to Dutchess County, New York: A 123-Year Record," *Northeastern Naturalist* 18 (2011): 335–346.
3 Abraham J. Miller-Rushing and Richard B. Primack, "Global Warming and Flowering Times in Thoreau's Concord: A Community Perspective," *Ecology* 89 (2008): 332–341.
4 Loren Eiseley, *The Immense Journey* (New York: Vintage Books, 1959), 65.
5 David A. Seekell and Michael L. Pace, "Climate Change Drives Warming in the Hudson River Estuary," *Journal of Environmental Monitoring* 13 (2011): 2321–2327.
6 Schlesinger and Vitale, "Historical Analysis."
7 Julia Frankenstein, "Is GPS All in Our Heads?" *New York Times*, February 5, 2012.
8 Wilson, *Future of Life*, 133.
9 Lake, *Hudson River Almanac*, November 16–18, 2011.
10 E-mail correspondence with Rick Bonney, May 23, 2012.

11 Judith Enck, "Opening Remarks," EPA Citizen Science Workshop, New York, June 19, 2012.

12 Rick Bonney et al., "Public Participation in Scientific Research: Defining the Field and Assessing Its Potential for Informal Science Education," *Center for Advancement of Informal Science Education* (CAISE), July 2009.

13 Telephone conversation with Rick Bonney, June 20, 2012.

14 Sallie McFague, "New House Rules: Christianity, Economics, and Planetary Living," *Daedalus* 130, no. 4 (2001): 125–140.

15 Peter Preuss, "Empowering Communities—Air Pollution Sensors and Apps," EPA Citizen Science Workshop, New York, June 19, 2012.

16 Terry L. Root et al., "Fingerprints of Global Warming on Wild Animals and Plants," *Nature* 421 (2003): 58.

17 Janis L. Dickinson, Benjamin Zuckerberg, and David N. Bonter, "Citizen Science as an Ecological Research Tool: Challenges and Benefits," *Annual Review of Ecology, Evolution, and Systematics* 41 (2010): 149–172.

18 Wilson, *Diversity of Life*, 351.

19 William H. Schlesinger, "Translational Ecology," Science 329 (2010): 609.

20 Gary Lovett, "Climate Impacts on Forests and Ecosystems," Climate Change in the Hudson Valley, conference, Cary Institute, Millbrook, NY, October 22, 2011.

CHAPTER 2——槐樹中的蝙蝠

1 Muir, *Thousand-Mile Walk*, 164.

CHAPTER 3——河上的雜草

1 Erik Kiviat, "Under the Spreading Water Chestnut," *News from Hudsonia* 9, no. 1 (1993).

2 David Strayer, interview, "The Roundtable," WAMC, Albany, NY, January 23, 2012.

CHAPTER 4——看天池

1 Damon B. Oscarson and Aram J. K. Calhoun, "Developing Vernal Pool Conservation Plans at the Local Level Using Citizen Scientists," *Wetlands* 27, no. 1 (2007): 80–95.
2 Silvio O. Funtowicz and Jerome Ravetz, "Science for the Post-Normal Age," *Futures*, September 1993, 739–755.
3 Wilson, *Diversity of Life*, 347.

CHAPTER 5——水下絲帶

1 Chip Brown, "The Future Isn't Futuristic Anymore," *New York Times* Magazine, January 29, 2012, 19.
2 Carol Vogel, "True to His Abstraction," *New York Times*, January 22, 2012.
3 Reinhold Niebuhr, *The Irony of American History* (New York: Scribner Library of Contemporary Classics, 1985), 63.
4 Presentation by Stuart Findlay, Cary Institute of Ecosystem Studies, Millbrook, NY, June 2012.

CHAPTER 6——空地上的郊狼

1 Roland Kays, Abigail Curtis, and Jeremy L. Kirchman, "Rapid Adaptive Evolution of Northeastern Coyotes via Hybridization with Wolves," *Biology Letters* 6, no. 1 (2010): 88–93.
2 Conversation with Pam Golben, environmental educator, Hudson Highlands Museum, Cornwall, NY, October 27, 2010.
3 Telephone conversation with Javier Monzon, Department of Ecology and Evolution, Stony Brook, NY, June 8, 2012.
4 Thoreau, *Walden*, 137.
5 Julian Treasure, "The Four Ways Sound Affects Us," Ted Talks, TEDGlobal, July 2009.
6 Heather Wieczorek Hudenko, Daniel J. Decker, and William F. Simere,

"Stakeholder Insights into the Human-Coyote Interface in Westchester County, New York," Human Dimensions Research Unit, Department of Natural Resources, Cornell University, February 2008.

7 Telephone conversation with Monzon, June 8, 2012.

8 Mark E. Weckel et al., "Using Citizen Science to Map Human-Coyote Interaction in Suburban New York, USA," *Journal of Wildlife Management* 74 (2010): 1163–1171.

9 Ibid., 1169.

10 Wilson, *Diversity of Life*, 350–351.

CHAPTER 7——進入小溪的鯡魚

1 Annie Dillard, "Seeing," in *Pilgrim at Tinker Creek* (New York: Harper Perennial, 1974), 18.

2 Ibid., 20.

3 Jorge Luis Borges, *Dreamtigers*, trans. Mildred Boyer and Harold Morland (Austin: University of Texas Press, 1964), 43.

4 Conversation with Vicky Kelly, Cary Institute of Ecosystem Studies, Millbrook, NY, April 27, 2011.

5 Burroughs, *Locusts and Wild Honey*, 55.

CHAPTER 8——沼澤中的珍珠菜

1 Daniel Q. Thompson, Ronald L. Stuckey, and Edith B. Thompson, "Spread, Impact, and Control of Purple Loosestrife (*Lythrum salicaria*) in North American Wetlands" (Washington, DC: US Fish and Wildlife Service, 1987).

2 Banu Subramaniam, "The Aliens Have Landed! Reflections on the Rhetoric of Biological Invasions," *Meridians* 2, no. 1 (2001): 34.

3 Larson, Metaphors for Environmental Sustainability, 4–6.

4 David Strayer, "Manage Pathways to Block Invasive Species," *Poughkeepsie Journal*, January 31, 2010.

CHAPTER 9——溪流中的鰻魚

1 Lori Quillen, "An Interview with Steward Pickett, Urban Ecology Visionary," *Eco-Focus* (Cary Institute of Ecosystem Studies) 6, no. 1 (2012).

2 John Steinbeck, *The Log of the Sea of Cortez* (New York: Penguin Classics, 1995), 92–93, 93–94.

3 Prosek, Eels, 9.

4 Ittelson et al., *Introduction to Environmental Psychology*, 51.

5 Ibid., 52.

6 Richard Feynman, "The Value of Science," address to the National Academy of Sciences (Autumn 1955), published in *The Pleasure of Finding Things Out: The Best Short Works of Richard P. Feynman*, ed. Jeffrey Robbins (Cambridge, MA: Perseus, 1999), 146.

CHAPTER 11——樗樹裡的蟲

1 Conversation with Gary Lovett, Cary Institute of Ecosystem Studies, Millbrook, NY, April 27, 2011.

CHAPTER 12——岸濱之鵰

1 Ifrah, *Universal History of Numbers*, xxi.

2 Lake, *Hudson River Almanac*, January 14, 2011.

3 John J. Magnuson, "Historical Trends in Lake and River Ice Cover in the Northern Hemisphere," *Science* 289 (2000): 1743–1746.

4 Telephone conversation with Kary Moss, chief warrant officer, US Coast Guard, June 28, 2012.

5 Blaise Pascal, *Pensées* [1670], ed. and trans. Roger Ariew (Indianapolis, IN: Hackett, 2004), 59.

結語

1 Henry David Thoreau, "Walking," in *Nature/Walking*, ed. and intro. John

Elder (Boston: Beacon Press, 1991), 79–80; Thoreau quoted in Schama, *Landscape and Memory*, 577.

2 Engaging and Learning for Conservation: Public Participation in Scientific Research, April 7–8, 2011, http://www.birds.cornell.edu/citscitoolkit/conference/ppsr2011/.

3 Justin Gillis, "Extreme Year, Few Measures," *New York Times*, December 25, 2011.

左岸科學人文　269

意外的守護者
公民科學的反思
Incidental Steward
Reflections on Citizen Science

作　　者　阿奇科・布希（Akiko Busch）
繪　　者　黛比・科特・卡斯帕里（Debby Cotter Kaspari）
譯　　者　王惟芬
協力編輯　吳建龍
總 編 輯　黃秀如
責任編輯　林巧玲
行銷企劃　蔡竣宇
封面設計　日央設計

社　　長　郭重興
發行人暨出版總監　曾大福
出　　版　左岸文化
發　　行　遠足文化事業股份有限公司
231新北市新店區民權路108-2號9樓
電　　話　(02) 2218-1417
傳　　真　(02) 2218-8057
客服專線　0800-221-029
E-Mail　rivegauche2002@gmail.com
左岸臉書　facebook.com/RiveGauchePublishingHouse
法律顧問　華洋法律事務所　蘇文生律師
印　　刷　呈靖彩藝有限公司
初版一刷　2018年4月

定　　價　380元
ISBN　978-986-5727-69-7
歡迎團體訂購，另有優惠，請洽業務部，(02) 2218-1417分機1124、1135

意外的守護者：公民科學的反思／
阿奇科・布希（Akiko Busch）著；王惟芬譯
.一初版.一新北市：左岸文化出版；
遠足文化發行，2018.4
面；　公分.一(左岸科學人文；269)
譯自：The incidental steward :
reflections on citizen science
ISBN 978-986-5727-69-7
1.自然保育 2.野生動物保育
367　　107003506